跟着电网企业劳模学系列培训教材

用电信息采集系统计量异常分析及处理

国网浙江省电力有限公司　组编

中国电力出版社
CHINA ELECTRIC POWER PRESS

内 容 提 要

本书是"跟着电网企业劳模学系列培训教材"之《用电信息采集系统计量异常分析及处理》，采用"项目—任务"结构进行编写，主要包括电量异常诊断、电压电流异常诊断、异常用电诊断、负荷异常诊断、时钟异常诊断、接线异常诊断等内容。

本书可供用电信息采集系统操作人员、设备运维人员和营销专业计量装接人员使用，也可作为电力行业新入职员工培训学习参考资料。

图书在版编目（CIP）数据

用电信息采集系统计量异常分析及处理 / 国网浙江省电力有限公司组编 . —北京：中国电力出版社，2020.11（2023.6重印）

跟着电网企业劳模学系列培训教材

ISBN 978-7-5198-4922-1

Ⅰ．①用… Ⅱ．①国… Ⅲ．①用电管理－管理信息系统－故障修复－技术培训－教材 Ⅳ．① TM92

中国版本图书馆 CIP 数据核字（2020）第 163438 号

出版发行：中国电力出版社
地　　址：北京市东城区北京站西街 19 号（邮政编码 100005）
网　　址：http://www.cepp.sgcc.com.cn
责任编辑：穆智勇（010-63412336）
责任校对：黄　蓓　王海南
装帧设计：张俊霞　赵姗姗
责任印制：石　雷

印　　刷：廊坊市文峰档案印务有限公司
版　　次：2020 年 11 月第一版
印　　次：2023 年 6 月北京第三次印刷
开　　本：710 毫米 ×980 毫米　16 开本
印　　张：10.25
字　　数：143 千字
印　　数：2001—2500 册
定　　价：42.00 元

编 委 会

编 写 组

丛书序

  国网浙江省电力有限公司在国家电网有限公司领导下，以努力超越、追求卓越的企业精神，在建设具有卓越竞争力的世界一流能源互联网企业的征途上砥砺前行。建设一支爱岗敬业、精益专注、创新奉献的员工队伍是实现企业发展目标、践行"人民电业为人民"企业宗旨的必然要求和有力支撑。

  国网浙江省电力有限公司为充分发挥公司系统各级劳模在培训方面的示范引领作用，基于劳模工作室和劳模创新团队，设立劳模培训工作站，对全公司的优秀青年骨干进行培训。通过严格管理和不断创新发展，劳模培训取得了丰硕成果，成为国网浙江省电力有限公司培训的一块品牌。劳模工作室成为传播劳模文化、传承劳模精神，培养电力工匠的主阵地。

  为了更好地发扬劳模精神，打造精益求精的工匠品质，国网浙江省电力有限公司将多年劳模培训积累的经验、成果和绝活，进行提炼总结，编制了《跟着电网企业劳模学系列培训教材》。该丛书的出版，将对劳模培训起到规范和促进作用，以期加强员工操作技能培训和提升供电服务水平，树立企业良好的社会形象。丛书主要体现了以下特点：

  一是专业涵盖全，内容精尖。丛书定位为劳模培训教材，涵盖规划、调度、运检、营销等专业，面向具有一定专业基础的业务骨干人员，内容力求精练、前沿，通过本教材的学习可以迅速提升员工技能水平。

  二是图文并茂，创新展现方式。丛书图文并茂，以图说为主，结合典型案例，将专业知识穿插在案例分析过程中，深入浅出，生动易学。除传统图文外，创新采用二维码链接相关操作视频或动画，激发读者的阅读兴趣，以达到实际、实用、实效的目的。

  三是展示劳模绝活，传承劳模精神。"一名劳模就是一本教科书"，丛书对劳模事迹、绝活进行了介绍，使其成为劳模精神传承、工匠精神传播的载体和平台，鼓励广大员工向劳模学习，人人争做劳模。

丛书既可作为劳模培训教材，也可作为新员工强化培训教材或电网企业员工自学教材。由于编者水平所限，不到之处在所难免，欢迎广大读者批评指正！

最后向付出辛勤劳动的编写人员表示衷心的感谢！

丛书编委会

前　言

　　本书的出版旨在传承电力劳模"吃苦耐劳、敢于拼搏、勇于争先、善于创新"的工匠精神，满足一线员工跨区培训的需求，从而达到培养高素质技能人才队伍的目的。

　　本书在编写结构方面，主要采用"项目—任务"结构进行编写，主要包括电量异常诊断、电压电流异常诊断、异常用电诊断、负荷异常诊断、时钟异常诊断、接线异常诊断等内容。本书以劳模跨区培训对象所需掌握的计量异常定义、异常原因、处理流程、处理步骤、典型案例五个层次进行编排，架构合理，逻辑严谨，理念新颖。

　　本书由国网浙江余姚市供电有限公司宣玉华主编，国网浙江省电力有限公司王伟峰、叶方彬、叶菁、吴亮、劳琦江、刘颖、郑松松、赵羚、金漪、严俊、陈鹏翔、陈晓媛、谢天草、戚娌娜、应盼盼、叶丽雅、陈小飙、韩荣新参加编写。本书在编写过程中得到了陆春光、康琳等专家的大力支持，在此谨向参与本书审稿、业务指导的各位领导、专家和有关单位致以诚挚的感谢！

　　限于编写时间和编者水平，不足之处在所难免，敬请各位读者批评指正。

编者

2020 年 8 月

目　录

宣玉华装表接电示范工作室

　　宣玉华装表接电示范工作室创建于2012年，由国网浙江宁波供电公司授牌成立。宣玉华装表接电示范工作室立足"三基"（抓基层，打基础，苦练基本功）建设，通过技术指导、实践操作、研发创新相结合，引导装表接电人员提高专业素养、技能水平，打造一支具有较高理论水平、较强操作能力的装表接电队伍，着重对装表接电人员进行作业安全、计量准确、服务规范培训，实现"安全零违章、计量零差错、服务零投诉"。

　　2012年11月，宣玉华装表接电示范工作室被宁波市总工会、宁波市科学技术局授予宁波市高技能人才创新工作室；2013年5月，以装表接电示范工作室为基础，增加了用电检查、抄表催费工作室，组建成立营销专业培训基地；2015年12月，获评浙江省高技术人才创新工作室；2016年4月，扩建了配电线路实训场地，同年9月被评为宁波市技能大师工作室；2018年9月扩建了台区经理实训室、宣传展示厅，同年12月被评为浙江省电力公司示范级劳模创新工作室。

　　宣玉华装表接电示范工作室目前共有30位成员，其领军人物是宣玉华，另有赵剑、吴长浩、鲁强宇3位学科带头人和9位专业技术骨干。通过7年的努力，宣玉华装表接电示范工作室已发展成以电力计量为枢纽，以研究创新为导向，以配网运维和客户服务为抓手的现代服务终端运作模式探索基地。

项目一

电量异常诊断

>> 【项目描述】　本项目包含七类电量异常处理的分析思路和处置方法。通过异常定义、异常原因、处理流程、处理步骤、典型案例等，熟悉各类电量异常的分析方法，掌握对应的异常处理措施。

>> 【知识要点】

（1）电量异常的原因主要有电能表异常、采集设备异常。首先召测电能表的数据进行比对，如确认电能表无异常，再排查是否由采集设备问题引起。

（2）电量异常与电能表、采集设备本身的质量关联较为紧密。由电能表、采集设备软件、硬件缺陷引起的异常，同一厂家的异常现象往往具有相似性。在异常处理过程中应根据异常现象定位异常原因，从而提高异常处理效率和准确率。

（3）采集设备问题引起的电量异常，还应根据具体原因及发生的频度，判断是否为偶发。对于因采集设备数据获取或传输过程中偶发错误导致的上报数据异常，不建议更换采集设备。

任务一　电能表示值不平

>> 【任务描述】　本任务主要描述用电信息采集系统中发生电能表示值不平的计量异常时的分析、处理措施。

>> 【异常定义】

电能表总电能示值与各费率电能表示值之和不等。

>> 【异常原因】

（1）采集数据错误。

（2）电能表故障。

（3）采集设备故障。

>> 【处理流程】　电能表示值不平处理流程见图 1-1。

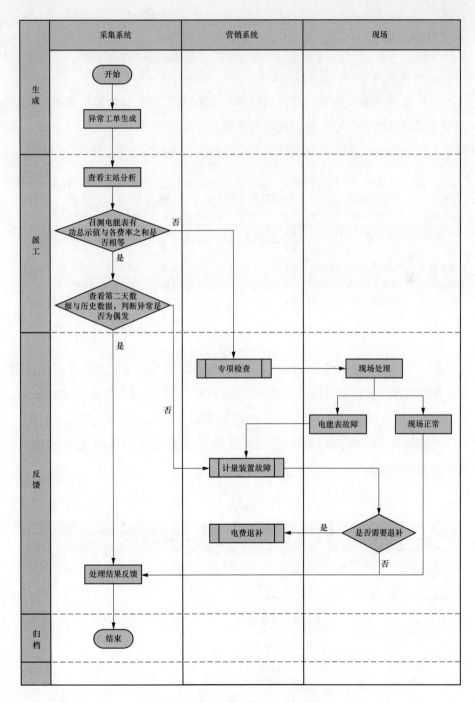

图 1-1　电能表示值不平处理流程

》【处理步骤】

1. 一般处理步骤

（1）查看异常发生当日的抄表数据。查看异常发生当天采集到的电能表正向有功总电能示值是否等于正向有功各费率电能示值之和（见图1-2），若相等，则等待第二天数据也正常后误报归档；若不相等，则分析异常现象。

日期	局号(终端/表计)	正向有功总(kWh)	←尖	←峰	←平	←谷	反向
2015-03-12	33101010525011287609...	4.3	0	3.39	0	0.91	
2015-03-11	33101010525011287609...	4.3	0	4003.39	0	0.91	
2015-03-10	33101010525011287609...	4.3	0	3.39	0	0.91	
2015-03-09	33101010525011287609...	4.3	0	3.39	0	0.91	
2015-03-08	33101010525011287609...	4.3	0	3.39	0	0.91	
2015-03-07	33101010525011287609...	4.3	0	3.39	0	0.91	

图1-2　查看抄表数据

（2）召测电能表数据。召测电能表当前正向有功总电能及各费率电能数据、日冻结正向有功总电能及各费率电能数据（见图1-3），若正向有功总电能与各费率电能之和不相等，则判定为电能表故障，发起计量装置故障换表流程。

由图1-3可以看出，电能表正向有功总电能与各费率电能之和相等，可排除电能表故障。

召测成功

参数详细

结果列表

表计局号	测量点号	数据项名称	值	CT	PT
33101010525011287...	2	当前正向有功总电能	4.30	1	1
33101010525011287...	2	当前正向有功总电能费率1	0.00	1	1
33101010525011287...	2	当前正向有功总电能费率2	3.39	1	1
33101010525011287...	2	当前正向有功总电能费率3	0.00	1	1
33101010525011287...	2	当前正向有功总电能费率4	0.91	1	1
33101010525011287...	2	日冻结正向有功总电能	4.30	1	1
33101010525011287...	2	日冻结正向有功总电能费率1	0.00	1	1
33101010525011287...	2	日冻结正向有功总电能费率2	3.39	1	1
33101010525011287...	2	日冻结正向有功总电能费率3	0.00	1	1
33101010525011287...	2	日冻结正向有功总电能费率4	0.91	1	1

图1-3　召测电能表数据

（3）查看抄表数据，判断是否为偶发性数据错误。观察第二天数据和历史数据再做分析，查看该异常是否为偶发，若是偶发，则判断为采集数据出错，第二天异常恢复后归档。图1-4中，该用户在2月26日、3月11日均发生电能表示值不平异常，则排除主站采集数据出错，判断为采集设备故障，须更换采集设备。

日期	局号(终端表计)	正向有功总(kWh)	尖	峰	平	谷	反向
2015-03-11	331010105250112876009...	4.3	0	4003.39	0	0.91	
2015-03-10	331010105250112876009...	4.3	0	3.39	0	0.91	
2015-03-09	331010105250112876009...	4.3	0	3.39	0	0.91	
2015-03-08	331010105250112876009...	4.3	0	3.39	0	0.91	
2015-03-07	331010105250112876009...	4.3	0	3.39	0	0.91	
2015-03-06	331010105250112876009...	4.3	0	3.39	0	0.91	
2015-03-05	331010105250112876009...	4.3	0	3.39	0	0.91	
2015-03-04	331010105250112876009...	4.3	0	3.39	0	0.91	
2015-03-03	331010105250112876009...	4.3	0	3.39	0	0.91	
2015-03-02	331010105250112876009...	4.3	0	3.39	0	0.91	
2015-03-01	331010105250112876009...	4.3	0	3.39	0	0.91	
2015-02-28	331010105250112876009...	4.3	0	3.39	0	0.91	
2015-02-27	331010105250112876009...	4.3	0	3.39	0	0.91	
2015-02-26	331010105250112876009...	4.3	0	4003.39	0	0.91	

图1-4 观察第二天数据和历史数据

2. 主站人员异常处理步骤

主站人员异常处理步骤见图1-5。

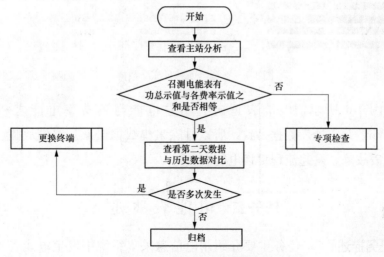

图1-5 主站人员异常处理步骤

5

3. 典型案例

【典型案例】　查看采集闭环管理异常远程分析向导（见图 1-6）。

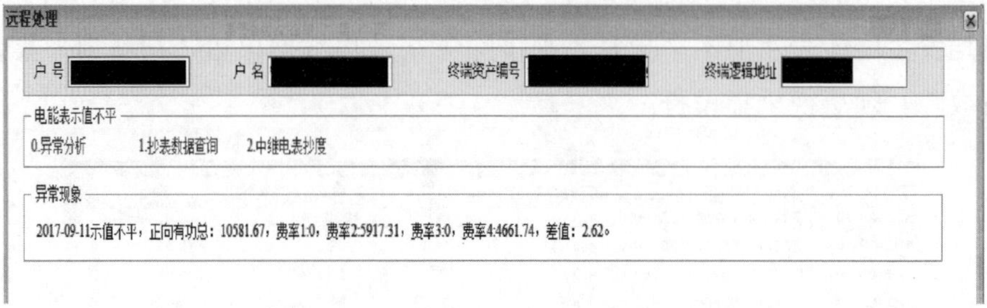

图 1-6　远程分析向导

召测电能表当前和日冻结数据（见图 1-7）。

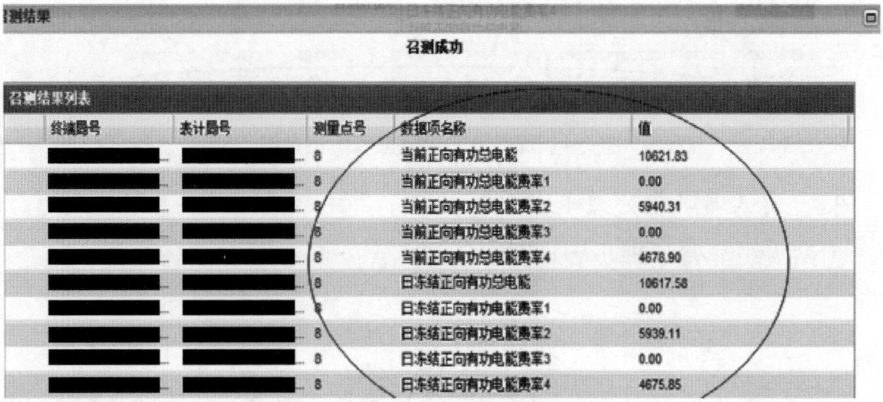

图 1-7　召测当前和日冻结数据

如图 1-6 所示，电能表正向有功总电能与各费率电能之和相差
2.62kWh，并与抄表数据一致。所以排除采集数据错误及终端故障，判断
为电能表故障，发起流程更换电能表。

任务二　电能表飞走

>> 【任务描述】　本任务主要介绍用电信息采集系统中发生电能表飞走的

计量异常时的分析、处理措施。

》【异常定义】

电能表日电量显著超过正常值。

》【异常原因】

(1) 采集数据错误。

(2) 采集设备故障。

(3) 电能表故障。

(4) 用户日用电量超过受电容量。

》【处理流程】

电能表飞走处理流程见图 1-8。

》【处理步骤】

1. 一般处理步骤

(1) 判断是否采集数据错误。召测电能表日冻结数据，若发现召测数据和采集系统抄表数据不一致，电能表日冻结数据无飞走现象，排除电能表故障（低压用户查看是否同一集中器下面都存在电能表飞走和倒走现象），判断为采集数据错误，对测量点进行重设。重新下发参数（Ⅰ型集中器重召有效测量点），对抄表数据进行观察；3 天后无抄表数据异常出现，则视为抄表数据异常恢复，进行归档。

(2) 判断是否采集设备故障。若召测电能表日冻结数据和采集系统主站抄表数据不一致时，则观察采集系统主站抄表数据是否存在明显错误。如图 1-9 所示，该用户 8 月 4 日抄表数据正向有功和各费率之和不相等；检查测量点参数是否正确，如参数错误则重发；观察 3 天后（8 月 7 日）如异常仍重复出现，判断为终端故障，则发起计量装置故障流程更换终端。

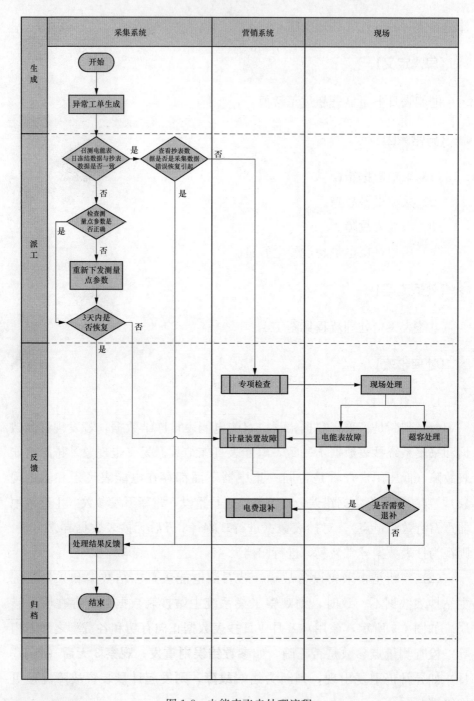

图 1-8 电能表飞走处理流程

查询结果：【符号"—"含义为参见左列】						
日期	局号(终端/表计) ▲	正向有功总(kWh)	—尖	—峰	—平	—谷
2014-08-07	33407010200001289538...	4000	0	0	0	0
2014-08-06	33407010200001289538...	0	0	0	0	0
2014-08-05	33407010200001289538...	0	0	0	0	0
2014-08-04	33407010200001289538...	4000	0	0	0	0
2014-08-03	33407010200001289538...	0	0	0	0	0
2014-08-02	33407010200001289538...	0	0	0	0	0
2014-08-01	33407010200001289538...	0	0	0	0	0

图 1-9　采集故障抄表示数

（3）判断是否电能表故障或者超容量用电。召测电能表当前正向有功总电能、日冻结正向有功总电能，与异常发生日的抄表数据做比较，如召测数据和抄表数据一致，则排除采集故障，发起专项检查流程，由用电检查人员到现场核实电能表示值与主站数据是否一致，用户现场用电情况是否符合电能表日用电量。如符合则排除电能表故障，判定为该用户超容量用电，由用电检查人员进行相关处理；如不符，则现场对电能表进行初步检测。若检测结果确认为电能表故障，则发起计量装置故障流程进行换表。

2. 主站人员异常处理步骤

主站人员异常处理步骤见图 1-10。

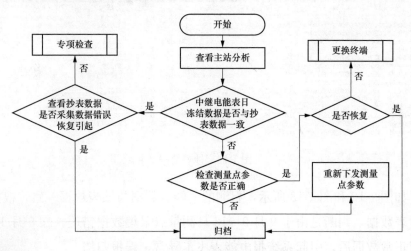

图 1-10　主站人员异常处理步骤

3. 典型案例

【典型案例】 查看远程分析向导（见图 1-11）。

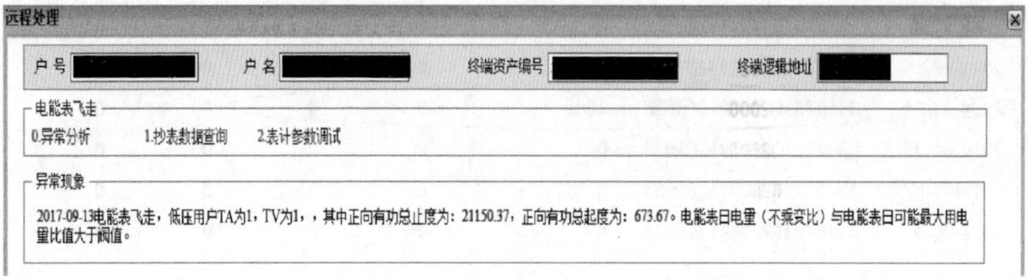

图 1-11　远程分析向导

召测电能表数据（见图 1-12），并查看历史抄表数据（见图 1-13）。

图 1-12　召测电能表数据

图 1-13　抄表数据

如图 1-12 和图 1-13 所示，召测的电能表数据与抄表数据一致，根据历史抄表数据，判断是由于 9 月 9～13 日测量点采集数据错误，在 9 月 14 日恢复正常数据后，引起系统报电能表飞走异常，误报归档。

任务三 电能表倒走

>> **【任务描述】** 本任务主要介绍用电信息采集系统中发生电能表倒走的计量异常时的分析、处理措施。

>> **【异常定义】**

电能表本次电能示值小于上次电能示值。

>> **【异常原因】**

（1）采集设备抄表参数错误。一般是由于终端测量点参数中的通信地址、规约与主站不一致引起抄表数据错位。

（2）采集数据错误。终端获取电能表日冻结数据或小时数据失败、错误。

（3）采集设备故障。采集设备硬件、软件问题导致数据获取、传输、上报错误。

（4）电能表故障。电能表内部元件异常引起。

>> **【处理流程】**

电能表倒走异常处理流程见图 1-14。

>> **【处理步骤】**

1. 一般处理步骤

（1）查看异常。通过远程分析向导，查看异常类别是小时数据倒走还是日数据倒走。

（2）异常现象为小时数据倒走的先检查异常真实性。若异常是小时数据倒走，检查小时数据倒走是否为偶发并立刻恢复，若是，作数据归档；若不是，继续下一步。

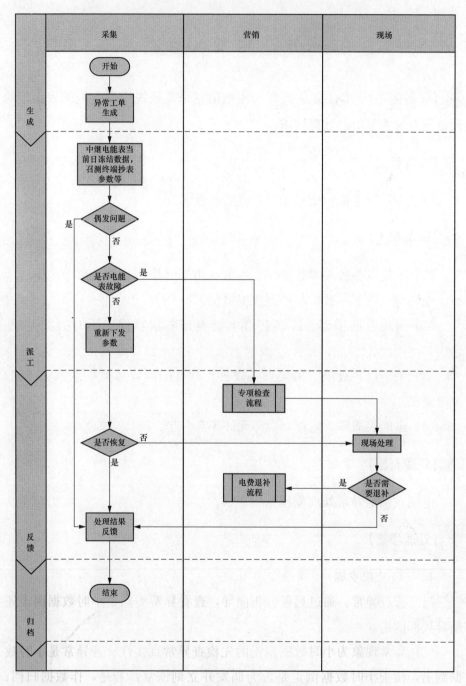

图 1-14　电能表倒走异常处理流程

（3）召测电能表数据。召测电能表的当前数据和日冻结数据。若召测的数据中存在与异常数据一致的数据项，并小于对应的历史抄表数据，判断为电能表故障，这种异常往往会同时伴有终端停复电告警事件。若电能表的召测数据大于历史抄表数据，并与异常日的抄表数据明显不一致，初步判断电能表正常。

（4）判断是否偶发的采集数据错误。如果抄表数据中异常日的电能示值发生了显著的突变并伴有较大的示值不平，异常日前后的抄表数据连续且电量与历史电量一致，同时该采集设备下用户历史没有发生过同类异常，可以作为偶发性的采集数据错误，待异常数据恢复之后直接归档。

（5）召测终端数据。召测和检查终端的测量点参数设置，若召测终端的测量点参数与用户实际不一致，一般是参数设置错误引起的异常，可在终端参数设置中对相应采集点重新下发参数，并观察用户的抄表数据是否恢复正常；若测量点参数设置正确，低压用户应进一步排查异常中的错误数据是否来自附近终端下（同一个台区）的用户数据。若是，可能由于现场偶发干扰或不同采集器用户间 485 通信线串接等引起，进行现场确认处理；若不是，认为是终端其他故障，进一步检查任务报文并联系厂家确认异常原因或进行现场运维处理。

2. 主站人员异常处理步骤

主站人员异常处理步骤见图 1-15。

3. 典型案例

【典型案例一】 错误数据引起的负荷数据出现倒走。

查看异常远程分析向导，发现用户发生了小时数据倒走，见图 1-16。

查看用户的负荷数据，发现该用户在 9 月 3 日 13：45 的正向有功总示值发生了突变，并立刻恢复了正常，见图 1-17。

由于用户整点负荷数据中只有 2 个点出现异常，并且没有再次出现，且异常点前后的电能示值连续，认为是偶发性的采集数据错误，数据错误归档。

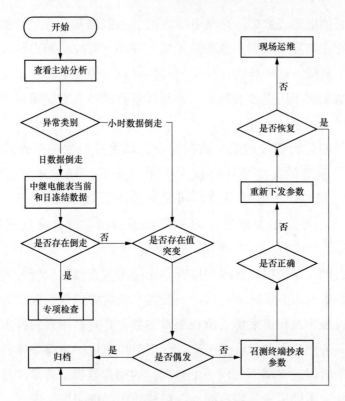

图 1-15　主站人员异常处理步骤

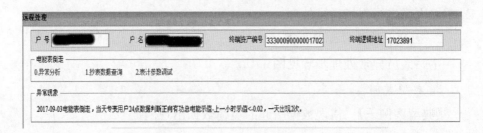

图 1-16　异常现象

日期	局号（终端/表计）	瞬时有功	瞬时无功	A相电流（A）	←B相	←C相	A相电压(V)	←B相	←C相	总功率因数	正向有功总（kWh）
2017-09-03 14:30:00	33300010001001…	376.836	66.348	604.32	589.3	620.88	217.8	218.2	218.1	0.98	4748.18
2017-09-03 14:15:00	33300010001001…	339.996	50.112	537.6	513.7	561.72	218.3	219	218.8	0.99	4747.45
2017-09-03 14:00:00	33300010001001…	317.052	44.676	516.24	492.6	524.52	218.7	219.3	218.8	0.99	4746.74
2017-09-03 13:45:00	33300010001001…	377.688	63.156	603	578.8	607.8	217.5	217.8	217.4	0.99	4746.02
2017-09-03 13:30:00	33300010001001…	298.284	49.452	462.24	468.7	470.28	223.8	224.3	224.2	0.99	4773.79
2017-09-03 13:15:00	33300010001001…	305.076	55.056	469.92	479.4	482.04	223.8	224.1	224.1	0.98	4773.18

图 1-17　异常当日负荷数据

【典型案例二】 电能表故障引起的抄表数据出现倒走。

查看异常，发现用户的抄表数据出现倒走。从抄表数据可以看出 17 日正向有功电能比 16 日明显变小（见图 1-18）。召测电能表数据，当前正向有功总电能显示为 1183.53kWh，小于历史数据，表明正向有功电能发生突变。

日期	局号(终端/表计)	正向有功总(kWh)	←尖	←峰	←平	←谷
2014-12-18	33101010633010854670...	1189.37	0	790.01	0	399.36
2014-12-17	33101010633010854670...	1182.43	0	784.57	0	397.86
2014-12-16	33101010633010854670...	1195.25	0	793.96	0	401.29
2014-12-15	33101010633010854670...	1186.12	0	786.68	0	399.44

图 1-18　异常当日抄表数据

召测电能表测量点曲线数据：用户电能表在 12 月 16 日 8：00～18：00 数据发生突变（见图 1-19）。再查看终端事件，发现终端 12 日 17：00 有上电告警，判断为电能表停电引起正向有功总电能示值发生倒走。发起专项检查流程后，经现场核实电能表故障。

测量点正向有功总电能示值曲线	2014-12-16 08:00#1196.14	1
测量点正向有功总电能示值曲线	2014-12-16 09:00#	1
测量点正向有功总电能示值曲线	2014-12-16 10:00#	1
测量点正向有功总电能示值曲线	2014-12-16 11:00#	1
测量点正向有功总电能示值曲线	2014-12-16 12:00#	1
测量点正向有功总电能示值曲线	2014-12-16 13:00#	1
测量点正向有功总电能示值曲线	2014-12-16 14:00#	1
测量点正向有功总电能示值曲线	2014-12-16 15:00#	1
测量点正向有功总电能示值曲线	2014-12-16 16:00#	1
测量点正向有功总电能示值曲线	2014-12-16 17:00#	1
测量点正向有功总电能示值曲线	2014-12-16 18:00#1177.18	1

图 1-19　异常当日的测量点曲线数据

【典型案例三】 终端抄表参数异常引起的抄表数据出现倒走。

查看异常，发现用户抄表数据出现倒走。从抄表数据可以看出，3 月

15

21 日正向有功总数据较前后日明显异常变大，见图 1-20。

日期	局号(终端/表计)	正向有功总(kWh)	尖	峰	平	谷
2015-03-23	33101010848011322074...	60.27	0	46.38	0	13.89
2015-03-22	33101010848011322074...	55.47	0	42.54	0	12.93
2015-03-21	33101010848011322074...	9034.48	0	6367.85	0	2666.63
2015-03-20	33101010848011322074...	43.9	0	34.53	0	9.36
2015-03-19	33101010848011322074...	38.33	0	30.13	0	8.2

图 1-20　异常当日抄表数据

召测 22 日电能表数据，当前正向有功总为 56.24kWh，未发生突变，召测电能表日冻结数据正常，初步判断电能表正常。

因为该低压用户异常日的抄表数据完整，且总、尖、峰之和相等，怀疑错误数据来自别的用户。依次查看异常日采集系统内同一采集器和同一台区下的用户抄表示数，发现异常数据来自同一台区另一采集器下的用户，见图 1-21。

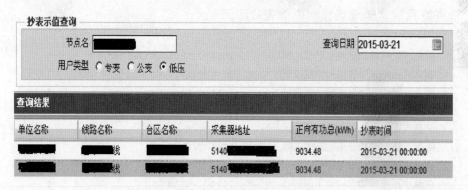

图 1-21　异常当日台区下用户的抄表数据

现场查看发现，这两个用户的电能表距离较近，都装有召测器。由于两者的召测器处在同一个信道，造成两个采集器在通信时互相干扰，而引起抄表数据异常。

【典型案例四】　专用变压器终端通信协议初始化，使用终端自身计量的数据作为抄表数据。

从抄表数据可以看出 1 月 21 日正向有功总电能明显变小，并出现了平止度，见图 1-22。

日期	局号(终端/表计) ▲		正向有功总(kWh)	├尖	├峰 ■	├平	├谷
2015-01-24	33403	(表计)	3131.6	460.79	2064.07	0	606.74
2015-01-23	33403	(表计)	3127.44	460.18	2061.4	0	605.86
2015-01-22	33403	(表计)	3123.4	459.57	2058.73	0	605.1
2015-01-21	33403	(表计)	967.84	18.65	234.02	417.94	297.22
2015-01-19	33403	(表计)	3111.54	457.78	2050.93	0	602.83
2015-01-18	33403	(表计)	3107.58	457.19	2048.32	0	602.07
2015-01-17	33403	(表计)	3103.34	456.57	2045.61	0	601.16

图 1-22 异常当日抄表数据

21 日召测电能表数据，当前正向有功总电能为 3119.98kWh，未发生突变。进一步召测电能表日冻结数据正常，初步判断电能表正常。

召测终端参数，发现测量点参数中的通信协议已初始化，见图 1-23。

测量点号	标识	值
0	04F010 F10终端电能表/交流采样装置配置参数	1#1#1#00000001#2#00000000 0001#000000000000#0000010 0#00000001#000000000000#0 0000000

图 1-23 测量点参数异常

查看用户负荷数据，发现是 19 日 09：15 正向有功总电能发生电量突变，见图 1-24。

日期 ▼	局号(终端/表计)	瞬时有功(kW)	├无功(kvar)	A相电流(A)	├B相	├C相	A相电压(V)	├B相	├C相	总功率因数	正向有功总(
2015-01-19 13:00:00	334030105300001535092	1185.6	33.2	67.64	0	62.76	10390	0	10390	1	961.19
2015-01-19 12:00:00	334030105300001535092	1187.6	28	67.6	0	62.84	10440	0	10430	1	960.9
2015-01-19 11:00:00	334030105300001535092	1251.6	62	71.16	0	66.48	10400	0	10390	1	960.59
2015-01-19 10:00:00	334030105300001535092	1218	63.6	69.36	0	65.72	10330	0	10310	1	960.28
2015-01-19 09:15:00	334030105300001535092	677.2	-5.2	38.84	0	35.76	10330	0	10310	1	3111.74
2015-01-19 09:00:00	334030105300001535092	491.6	147.6	29.48	0	28.08	10100	0	10090	.96	3111.7
2015-01-19 08:45:00	334030105300001535092	220.4	53.6	13.28	0	12.48	10130	0	10120	.97	3111.68
2015-01-19 08:30:00	334030105300001535092	209.6	53.2	12.28	0	12.4	10130	0	10130	.97	3111.67

图 1-24 异常当日负荷数据

17

同时，报文中存在终端停复电和参数变更告警，见图 1-25。

测量点号	告警标识	告警时间	值
0	C141	2015-01-19 09:35:00	C14000=1,0,2015-01-19 09:35
0	C030	2015-01-19 09:37:00	C03001=01,C03002=00000425
0	C142	2015-01-19 09:37:00	C14000=1,0,2015-01-19 09:35

图 1-25　终端停复电告警和参数变更告警

判断为用户停电引起终端参数变更，导致抄表止度倒走。

1 月 31 日，终端参数重新下发后，用户抄表和负荷数据恢复正常。

【典型案例五】　终端存在缺陷，在采集不成功时会用 0 或满示数来填补，引起抄表数据倒走。

从抄表数据可以看到 1 月 21 日正向有功总电能为 0，见图 1-26。

日期	局号（终端/表计）	正向有功总（kWh）	←尖	←峰	←平	←谷	反向有功
2015-01-25	33010101059301124411…	195.8	12.1	130.58	0	53.11	
2015-01-24	33010101059301124411…	184.92	11.38	123.48	0	50.04	
2015-01-23	33010101059301124411…						
2015-01-22	33010101059301124411…						
2015-01-21	33010101059301124411…	0	0	0	0	0	
2015-01-20	33010101059301124411…	140.81	8.83	95.06	0	36.91	
2015-01-19	33010101059301124411…	136.05	8.35	92.46	0	35.24	

查询结果：【符号 "" "—" 含义为参见左列】

图 1-26　异常当日抄表数据

召测电能表当前正向有功总电能为 152.11kWh（见图 1-27），进一步召测日冻结数据正常，初步判断电能表正常（见图 1-28）。

8902 测量点地址	000112441171
0100100000 当前正向有功总电能	152.11

图 1-27　电能表当前数据正常

8902 测量点地址	000112441171
0122100000 日冻结正向有功总电能	150.23
0122100001 日冻结正向有功电能费率1	9.38
0122100002 日冻结正向有功电能费率2	101.17
0122100003 日冻结正向有功电能费率3	0.00
0122100004 日冻结正向有功电能费率4	39.66

图 1-28　异常日电能表冻结数据正常

经与终端厂家联系确认，该用户的终端存在缺陷，在采集不成功时会用 0 或满示数来填补，导致用户报电能表倒走异常。

任务四　电 能 表 停 走

≫ 【任务描述】　本任务主要介绍用电信息采集系统中发生电能表停走的计量异常时的分析、处理措施。

≫ 【异常定义】

用户实际用电情况下电能表停止走字。

≫ 【异常原因】

（1）电能表故障。电能表计度器无法正常计量或存储器无法冻结电能表的当前电能示值。

（2）采集设备故障。终端程序异常或模块故障引起任务数据重复上报或上报错误数据。

≫ 【处理流程】

电能表停走异常处理流程见图 1-29。

≫ 【处理步骤】

1. 一般处理步骤

（1）查看异常。通过远程分析向导，查看异常类别是小时数据停走还是日数据停走。

（2）召测电能表数据。依次召测电能表的有功功率、当前正向有功示度和日冻结数据。若存在有功功率不为 0，但电能表的当前数据或日冻结数据与异常数据一致，判断电能表故障。

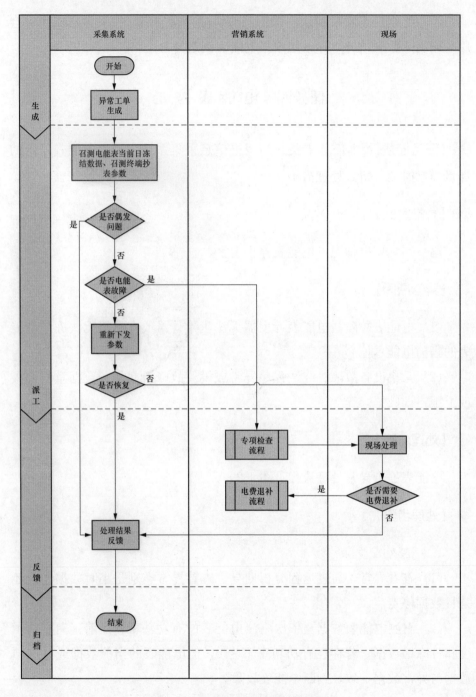

图 1-29 电能表停走异常处理流程

　　若电能表的当前数据或日冻结数据与异常数据不一致，初步判断电能表正常，进一步检查终端数据。

　　（3）召测终端数据。查看上报的负荷数据是否一直不变或者存在明显的异常，并通过召测终端的实时电压、电流、功率与负荷数据进行比较。如果是采集设备上报数据错误引起的，可通过重新下发测量点参数和任务、远程重启终端等方式处理，若仍未恢复，则派工给现场运维人员进行处理，现场处理不成功的，发起终端更换流程。

　　2. 主站人员异常处理步骤

　　主站人员异常处理步骤见图 1-30。

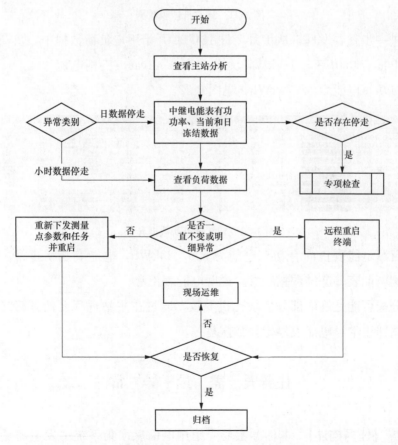

图 1-30　主站人员异常处理步骤

3. 典型案例

【典型案例】 终端问题引起的负荷电量数据一直未变。

查看异常，发现用户从 1 月 3 日 12：00 开始，抄表数据保持不变，见图 1-31。

日期	局号(终端/表计)	正向有功总(kWh)	←尖	←峰	←平	←谷	正向无功总(kvar...)
2015-01-05	D1■■■■■■(表计)	5052.77	700.21	2191.39	0	2161.17	
2015-01-04	D1■■■■■■(表计)	5052.77	700.21	2191.39	0	2161.17	
2015-01-03	D1■■■■■■(表计)	5052.77	700.21	2191.39	0	2161.17	
2015-01-02	D1■■■■■■(表计)	5050.99	700.21	2190.92	0	2159.86	
2015-01-01	D1■■■■■■(表计)	5046.58	699.7	2188.78	0	2158.1	

查询结果：【符号 "←" 含义为参见左列】

图 1-31　异常日抄表数据

进一步查看发现，从 1 月 2 日 13：00 开始用户负荷数据中，负荷数据一直上报有功功率 3.488kW，无功功率 0.4kvar，三相电流 2.4、6、6A，正向有功总电能 5052.77kWh，见图 1-32。

查询结果：【符号 "" "←" 含义为参见左列】

日期	局号(终端/表计)	瞬时有功	瞬时无功	A相电流(A)	←B相	←C相	A相电压(V)	←B相	←C相	总功率因数	正向有功总
2017-01-02 18:00:00	■■■■■	3.488	0.4	2.4	6	6	233.1	233.2	231.5	0.99	5052.77
2017-01-02 17:00:00	■■■■■	3.488	0.4	2.4	6	6	233.1	233.2	231.5	0.99	5052.77
2017-01-02 16:00:00	■■■■■	3.488	0.4	2.4	6	6	233.1	233.2	231.5	0.99	5052.77
2017-01-02 15:00:00	■■■■■	3.488	0.4	2.4	6	6	233.1	233.2	231.5	0.99	5052.77
2017-01-02 14:00:00	■■■■■	3.488	0.4	2.4	6	6	233.1	233.2	231.5	0.99	5052.77
2017-01-02 13:00:00	■■■■■	3.488	0.4	2.4	6	6	233.1	233.2	231.5	0.99	5052.77
2017-01-02 12:00:00	■■■■■	7.044	0	13.2	7.6	7.2	235.2	236	237.1	1	5052.73
2017-01-02 11:00:00	■■■■■	3.74	0	2.4	5.6	6.8	235.1	235.8	237.1	1	5052.5
2017-01-02 10:00:00	■■■■■	5.416	1.2	7.6	10.8	5.3	234.9	235.6	237	0.96	5052.31
2017-01-02 09:00:00	■■■■■	4.456	1	5.2	8.4	6.8	235.1	235.7	237.1	0.97	5052.13

图 1-32　异常日负荷数据异常

召测电能表正向有功总电能为 5057.33kWh，电能表走字正常。进一步召测电能表日冻结数据正常，说明电能表正常。

分析可能是终端部分模块死机导致，通过在主站远程复位，第二天抄表数据即正常，电能表停走异常恢复。

任务五　需　量　异　常

▶ **【任务描述】** 本任务主要介绍用电信息采集系统中发生需量异常的计量异常时的分析、处理措施。

【异常定义】

需量异常是指电能表的最大需量数据出现数据或时间异常。

【异常原因】

（1）电能表设定的结算日与营销系统抄表例日不一致。

（2）电能表故障。在结算日未执行需量转存和清零，或只执行了一部分。由于考虑到电能表时钟误差，主站设置终端在次日的零点后1h读取电能表存储单元中的最大需量值与发生时间，如果在抄表例日次日终端采集的最大需量值未能转存和清零，或只执行了一部分，就是电能表故障。

（3）终端故障。终端软、硬件问题引起的需量上报异常。

（4）采集数据错误。终端获取电能表需量出错。

【处理流程】

需量异常处理流程见图1-33。

【处理步骤】

1. 一般处理步骤

（1）检查电能表结算日。召测电能表内设定的结算日，与营销系统档案中抄表日进行对比，判断两者是否一致，若不一致，发起计量装置故障流程，现场更换电能表或设置参数，若一致，继续下一步。

（2）召测电能表数据，判断需量转存或者清零是否存在问题。召测电能表"上1结算日正向有功总最大需量""上1结算日正向有功总最大需量发生时间"的值与系统显示数据进行对比。若一致，则通过对比上个周期（以抄表例日20为例，上个周期为上月20日到本月19日）每日最大需量数值、最大需量发生时间，判断电能表在抄表日是否进行需量转存或者清零。若电能表未能及时转存或者清零，则查看负荷数据中最大功率是否超

23

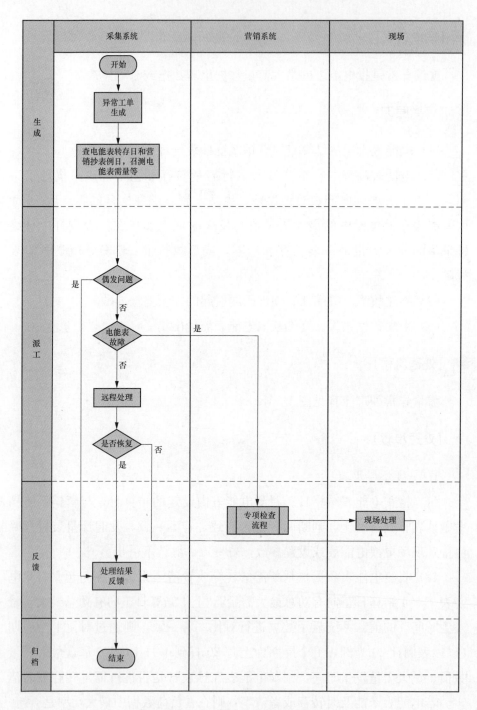

图 1-33 需量异常处理流程

过之前保存的上月最大需量值进行辅助判断，并视情况发起退补流程，同时发起计量装置故障流程，进行现场确认后更换电能表。

（3）判断是否偶发的采集数据错误。对于发生在非抄表日的需量异常，如果是偶发的数据采集错误引起的异常，可以待异常数据恢复之后直接归档。

（4）分析终端需量异常原因并处理。终端问题引起的需量异常，需要进一步检查任务报文并联系厂家确认异常原因或进行现场运维处理，并视情况发起退补流程。现场处理不成功的，发起终端更换流程。

2. 主站人员异常处理步骤

主站人员异常处理步骤见图 1-34。

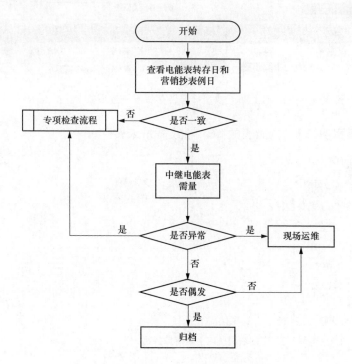

图 1-34 主站人员异常处理步骤

3. 典型案例

【典型案例一】 表计转存日和营销抄表例日不一致。

查看远程分析向导，见图 1-35。

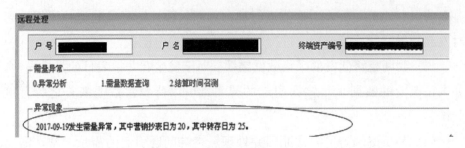

图 1-35　抄表例日与转存日不一致

查询采集系统相关信息，确认表计的转存日 25 日与营销抄表日不一致，发起专项检查流程，见图 1-36。

节点名		*		抄表日转存日是否一致	否	▼

查询结果						
供电单位 ▲	供电所	户号	户名	表计局号	营销抄表日	表计转存日
市区服务区	市区服务区直属			3330001000100084221127	20	25

图 1-36　抄表日与转存日不一致现象

【典型案例二】　电能表故障，导致需量未转存。

异常情况见图 1-37。

0.异常分析　1.需量数据查询

异常现象
抄表日：20
转存日：20
转存日当月需量：0.2283
抄表周期内当月需量异常 或 抄表周期内上月需量异常

图 1-37　异常信息

查看抄表日相近日期数据情况，正确转存值应该是 0.2283kW，见图 1-38。

日期	局号(终端/表计)	最大需量(kW)	最大需量发生时间	上月最大需量(kW)	上月最大需量发生...	上
2015-02-24	HHM████(表计)	0.017	02-23 20:05	0.2464	12-20 09:28	2
2015-02-23	HHM████(表计)	0.0164	02-22 19:08	0.2464	12-20 09:28	2
2015-02-22	HHM████(表计)	0.0159	02-20 11:50	0.2464	12-20 09:28	2
2015-02-21	HHM████(表计)	0.0159	02-20 11:50	0.2464	12-20 09:28	2
2015-02-20	HHM████(表计)	0.2283	02-04 16:11	0.2464	12-20 09:28	2
2015-02-19	HHM████(表计)	0.2283	02-04 16:11	0.2464	12-20 09:28	2
2015-02-18	HHM████(表计)	0.2283	02-04 16:11	0.2464	12-20 09:28	2

图 1-38　需量转存异常信息

召测上月正向有功总最大需量、上月正向有功总最大需量发生时间，见图 1-39。

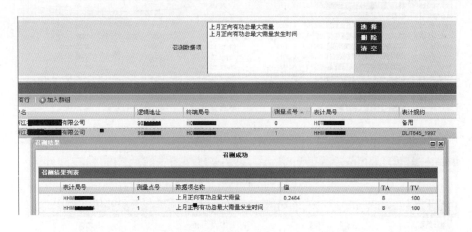

图 1-39　需量召测信息

用户保存的上月最大需量发生时间是 12 月 20 日，表计一直保存到次年 2、3 月，因此判断电能表故障，发起计量装置故障流程，进行现场确认后更换电能表。

【典型案例三】 终端程序缺陷引起的需量未正确转存。

异常现象见图 1-40 和图 1-41。

召测电能表上月最大需量情况见图 1-42。

召测成功的上月正向有功总最大需量与系统抄表数据不一致，说明可

能是终端问题导致需量转存异常。

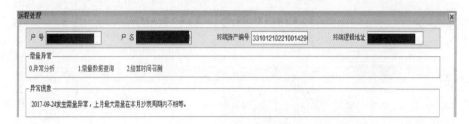

图 1-40　异常信息（一）

| 档案查询 | 抄表数据查询 | 电量数据查询 | 负荷数据查询 | 负荷特性查询 | 电压合格率数据 | 计量异常 | |

| 户号 | | | | 户名 | | 开始日期 | 2017-09-02 |

累计　局号：3330001000100084221929　　正向有功总：168.72(kWh)　　正向有功尖：13.22(kWh)　　正向有功峰：72.11(kWh)

查询结果：【符号 "一"含义为参见左列】

日期 ▼	局号(终端/表计)		最大需量(kW)	最大需量发生时间	上月最大需量(kW)	上月最大需量发生
2017-09-25		(表计)	0	11-30 00:00	0.3271	08-20 10:08
2017-09-24		(表计)	0.3589	09-19 16:01	0.3271	08-20 10:08
2017-09-23		(表计)	0.3589	09-19 16:01	0.3271	08-20 10:08
2017-09-22		(表计)	0.3589	09-19 16:01	0.3271	08-20 10:08
2017-09-21		(表计)	0.3589	09-19 16:01	0.3271	08-20 10:08
2017-09-20		(表计)	0.3589	09-19 16:01	0.3271	08-20 10:08
2017-09-19		(表计)	0.3582	09-10 15:24	0.3271	08-20 10:08
2017-09-18		(表计)	0.3582	09-10 15:24	0.3271	08-20 10:08
2017-09-17		(表计)	0.3582	09-10 15:24	0.3271	08-20 10:08
2017-09-16		(表计)	0.3582	09-10 15:24	0.3271	08-20 10:08
2017-09-15		(表计)	0.3582	09-10 15:24	0.3271	08-20 10:08

图 1-41　异常信息（二）

召测结果

召测成功

召测结果列表

表计局号	测量点号	数据项名称	值	TA	TV
2	1	上1结算日正向有功总最大需量及发生	0.3589,09-19 16:01	30	200

图 1-42　召测上月最大需量

召测终端的上月正向有功总最大需量情况，发现终端的上月需量异常
（见图 1-43）。

招测结果列表

局号（终端/表计）		测量点号	数据项名称	值	TA	TV
	...	1	上月（上一结算日）正向有功总最大需量	0.3271	30	200
	...	1	上月（上一结算日）正向有功总最大需量发生时间	08-20 10:08	30	200

图 1-43　需量转存时间错误信息

检查上月完整的抄表周期（见图 1-44）后发现，该终端的需量转存是每个自然月的月底，而需量清零是抄表例日 25 日。

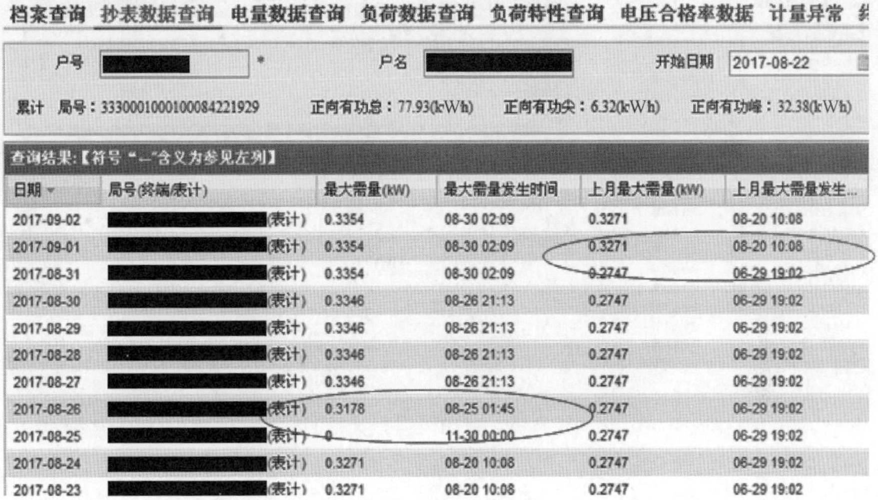

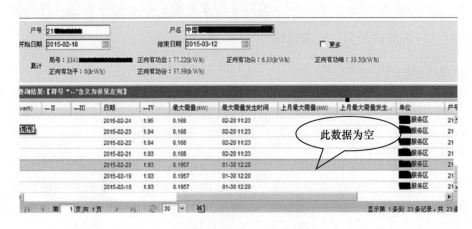

图 1-44　用户需量情况

通过与终端厂家确认，发现该批次的终端存在程序缺陷，进行终端升级。

【典型案例四】　终端上报数据为空。

查看抄表数据中上月最大需量、发生时间全为空，见图 1-45。

图 1-45　需量无转存异常信息

查询当日报文，见图 1-46。

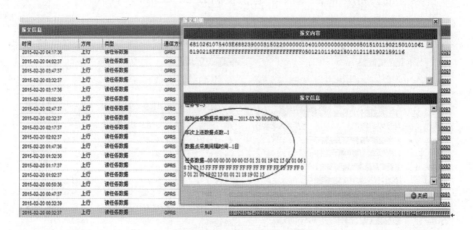

图 1-46　召测需量报文信息

召测上一次结算日正向有功总最大需量及发生时间，发现电能表正常保存数据，判断为终端故障，发起终端升级流程；如仍无法解决，则发起计量装置故障流程更换终端。

任务六　自 动 核 抄 异 常

》【任务描述】　本任务主要介绍用电信息采集系统中发生自动核抄异常的计量异常时的分析、处理措施。

》【异常定义】

电能表日冻结电能数据与主站抄表数据不一致。

》【异常原因】

（1）采集设备抄表参数错误。一般是由于终端测量点参数中的通信地址、规约与主站不一致引起抄表数据错位。

（2）采集数据异常。采集设备获取电能表日冻结数据失败、错误。

（3）时钟异常。部分采集设备会判断电能表日冻结数据时标与终端时间是否一致，当采集设备与电能表时钟相差较大时，采集设备不使用电能表日冻结数据，而使用其他数据作为抄表数据。

（4）采集设备故障。采集设备硬件、软件问题导致数据获取、传输、上报错误。

（5）采集设备厂家质量问题。部分采集设备厂家程序不规范，未按照规定使用电能表日冻结数据作为抄表数据。

➤【处理流程】

自动核抄异常处理流程见图1-47。

➤【处理步骤】

1. 一般处理步骤

（1）查看电能表日冻结数据与主站抄表数据是否一致。直接在采集主站召测表计"日冻结数据"与当天主站系统的抄表数据进行对比，判断系统显示数据与表计冻结数据是否一致：如果一致，则作为主站误报归档；若不一致，进一步检查电能表数据。

（2）检查电能表是否存在电量突变。出现异常后，首先判断当前表计的数据与向导中的召测数据是否偏离较大；如果再次召测表计当前的数据是在正常范围，比如向导中召测值是1000，此次召测的数据是1002，终端冻结数据是500，召测参数没有问题，查看营销档案中无关联换表流程，判断为终端故障。如果此次召测数据是1200或900，应查看此客户的日常电量并与抄表数据值进行比较，判断是否存在表计故障。

（3）召测电能表、采集设备时钟是否正常。召测电能表和采集设备的时钟，查看二者是否存在较大误差。如果是，则判断可能是时钟误差引起的。对电能表和采集设备进行对时；对时成功，观察异常是否恢复，如果是则归档，否则进一步检查终端参数；对时失败，更换电能表或终端。

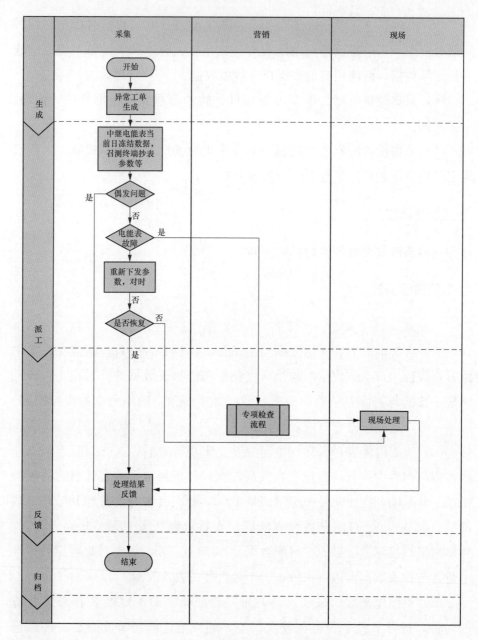

图 1-47　自动核抄异常处理流程

　　（4）召测和检查终端的测量点参数设置。召测终端的测量点参数，如果与实际情况不一致，一般是参数设置错误引起的异常，可在终端参数设置中对相应采集点重新下发参数，并观察用户的抄表数据是否恢复正常；若测量点参数设置正确，认为是终端其他故障，发起终端升级流程，如仍然存在此种情况，则发起计量装置故障流程更换终端。对于批量出现的自动核抄异常，需要找厂家确认终端程序是否存在问题。

2. 主站人员异常处理步骤

主站人员异常处理步骤见图 1-48。

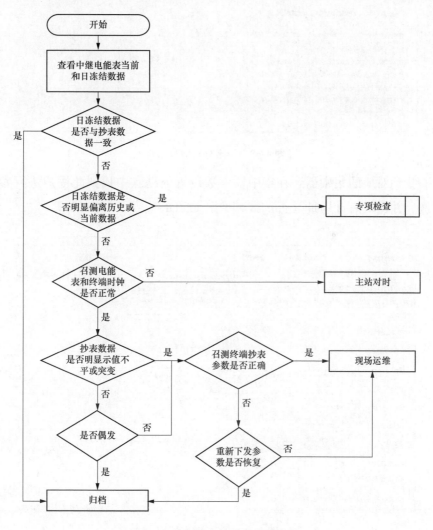

图 1-48　主站人员异常处理步骤

3. 典型案例

【典型案例一】 终端抄表参数异常导致终端下用户数据串位。

根据异常情况对两列数据对比，见图 1-49。

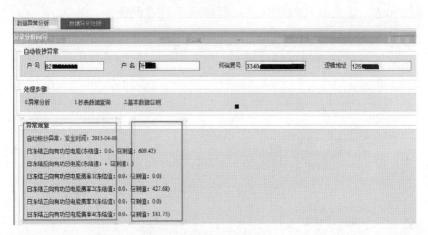

图 1-49　异常分析向导信息

找到对应的集中器，在集中器参数设置的测点中找到此用户进行参数召测，并比对表计地址是否一致，见图 1-50。

图 1-50　参数召测的信息

表计地址不一致，重新下发正确参数，次日观察数据情况。

用户主站表计局号为 33404010000000131192170，召测回来的表计地址为 000011373755，见图 1-51。

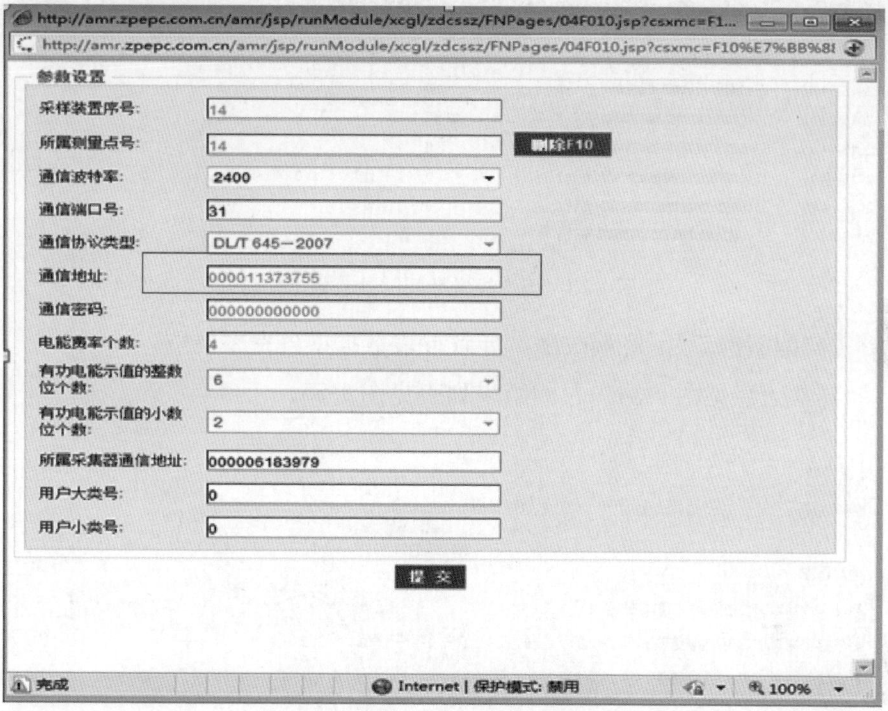

图 1-51　用户电能表通信地址信息

通过召测表计当前示数与抄表数据进行对比：召测数据中表计局号、数据位置与主站中是一致的，但是当前显示的抄表示数一直为 0，见图 1-52 和图 1-53。综合上述情况，判断为终端参数问题。

局号（终端/表计）	测量点号	数据项名称	值	TA	TV
33404010000000131192…	14	日冻结正向有功总电能	609.43	1	1
33404010000000131192…	14	日冻结正向有功电能费率1	0.00	1	1
33404010000000131192…	14	日冻结正向有功电能费率2	427.68	1	1
33404010000000131192…	14	日冻结正向有功电能费率3	0.00	1	1
33404010000000131192…	14	日冻结正向有功电能费率4	181.75	1	1
33404010000000131192…	14	日冻结反向有功总电能	0.00	1	1

图 1-52　召测电能表示数信息

图 1-53　用户异常期间的抄表数据信息

【典型案例二】 终端故障，导致抄表数据中各费率错位。

异常信息见图 1-54。召测结果列表见图 1-55。

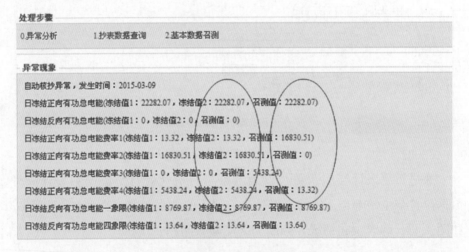

图 1-54　异常信息

局号（终端/表计）	测量点号	数据项名称	值	TA	TV
33404010000000131053…	1	当前正向有功总电能	22287.32	60	1
33404010000000131053…	1	当前正向有功电能费率1	16834.35	60	1
33404010000000131053…	1	当前正向有功电能费率2	0.00	60	1
33404010000000131053…	1	当前正向有功电能费率3	5439.66	60	1
33404010000000131053…	1	当前正向有功电能费率4	13.32	60	1

图 1-55　召测电能表示数信息

比较图 1-54 与图 1-55，日冻结数据费率 1～4 与召测数据之间逐项对比，直接发现终端保存数据错位。

通过召测数据与用户日常抄表示数分析，发现该用户表计正常，终端数据日冻结费率数据保存错位，判断为终端故障，进行现场终端故障处理。

【典型案例三】 电能表时钟问题引起的异常。

异常信息见图 1-56。召测的电能表日冻结数据与主站召测数据一致，见图 1-57。

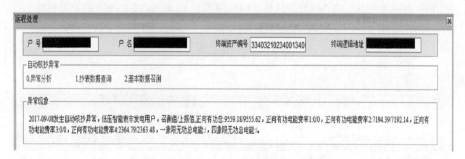

图 1-56 异常信息

	表计局号	测量点号	数据项名称	值
1	3340301021600051591327	22	上8次日冻结正向有功总电能	9559.18
1	3340301021600051591327	22	上8次日冻结费率1正向有功总电能	0.00
1	3340301021600051591327	22	上8次日冻结费率2正向有功总电能	7194.39
1	3340301021600051591327	22	上8次日冻结费率3正向有功总电能	0.00
1	3340301021600051591327	22	上8次日冻结费率4正向有功总电能	2364.79

图 1-57 召测电能表示数信息

进一步召测电能表时钟，发现表计时钟异常，见图 1-58，判断为时钟异常引起电能表日冻结数据与抄表数据不一致，进行时钟异常处理。

户号	户名	逻辑地址	表计局号	时钟误差(s)	系统时间	表计时间
			3340301021600051591327	9999	2017-09-15 15:04:27	20A0-02-08 04:07:55

图 1-58 召测电能表时钟

【典型案例四】 终端厂家程序缺陷，未使用电能表日冻结。

异常信息见图 1-59。召测的电能表日冻结数据与主站召测数据一致，见图 1-60。

图 1-59 异常信息

图 1-60 召测电能表示数信息

进一步召测电能表时钟，发现表计时钟正常，见图 1-61。

图 1-61 召测电能表时钟

召测电能表的日冻结正向有功总电能并与抄表数据比对，发现每一日的抄表数据均与电能表日冻结数据不一致，见图 1-62 和图 1-63。与终端厂家沟通后，厂家表示该终端在抄表数据中没有使用电能表日冻结数据，联系厂家进行终端升级处理。

召测结果

召测成功

召测结果列表

	表计局号	测量点号	数据项名称	值
5	3310101020201066512428	1	日冻结正向有功总电能	360516.33
5	3310101020201066512428	1	上2次日冻结正向有功总电能	360394.94
5	3310101020201066512428	1	上3次日冻结正向有功总电能	360259.75
5	3310101020201066512428	1	上4次日冻结正向有功总电能	360152.84
5	3310101020201066512428	1	上5次日冻结正向有功总电能	359989.56
5	3310101020201066512428	1	上6次日冻结正向有功总电能	359609.43
5	3310101020201066512428	1	上7次日冻结正向有功总电能	359303.58
5	3310101020201066512428	1	上8次日冻结正向有功总电能	359126.74
5	3310101020201066512428	1	上9次日冻结正向有功总电能	358915.62
55	3310101020201066512428	1	上10次日冻结正向有功总电能	358598.61

图 1-62 电能表历史日冻结数据

查询结果:【符号“←”含义为参见左列】

日期	局号(终端/表计)	正向有功总(kWh)	←尖	←峰	←平	←谷
2017-09-15	3310101020201066512428(表计)	360512.8	32706.28	170579.68	0	157226.87
2017-09-14	3310101020201066512428(表计)	360393.21	32689.21	170527.02	0	157177
2017-09-13	3310101020201066512428(表计)	360257.86	32676.73	170464.33	0	157116.82
2017-09-12	3310101020201066512428(表计)	360150.53	32669.77	170421.57	0	157059.21
2017-09-11	3310101020201066512428(表计)	359985.37	32663.27	170349.61	0	156972.52
2017-09-10	3310101020201066512428(表计)	359606.7	32645.82	170117.26	0	156843.64
2017-09-09	3310101020201066512428(表计)	359302	32608.6	169943.88	0	156749.52
2017-09-08	3310101020201066512428(表计)	359123.49	32589.04	169863.26	0	156671.21
2017-09-07	3310101020201066512428(表计)	358910.63	32565	169794.55	0	156551.11
2017-09-06	3310101020201066512428(表计)	358594.43	32521.04	169654.15	0	156419.27

图 1-63 抄表数据

任务七 电量波动异常

【任务描述】 本任务主要介绍用电信息采集系统中发生电量波动异常的计量异常时的分析、处理措施。

>> 【异常定义】

更换计量设备后，用户日电量与更换前有显著差异。

>> 【异常原因】

（1）采集数据错误。

（2）终端故障。

（3）用户自身负荷变化引起。

（4）更换计量设备后发生二次回路错接线或低压串户。

（5）电能表故障。

>> 【处理流程】

电量波动异常处理流程见图 1-64。

>> 【处理步骤】

1. 一般处理步骤

（1）召测电能表日冻结数据与当日主站系统的抄表数据进行对比。如果不一致，说明终端未使用电能表日冻结数据，则在采集系统重新下发测量点参数、测量点任务、远程终端重启等方式处理。观察用户的抄表数据是否恢复正常，恢复则直接归档；未恢复的发起相应终端更换流程现场更换终端。

（2）召测电能表日冻结数据与当日主站系统的抄表数据进行对比。如果一致，判断是否用户自身负荷变化引起，如季节性用电，如果是则反馈归档。无法判断的则触发专项用电检查流程，由用电检查人员去现场确认用户的用电是否正常，检查电能表是否存在故障、计量装置接线是否正确、低压用户是否存在串户等情况，并由用电检查人员进行退补处理。

2. 主站人员异常处理步骤

主站人员异常处理步骤见图 1-65。

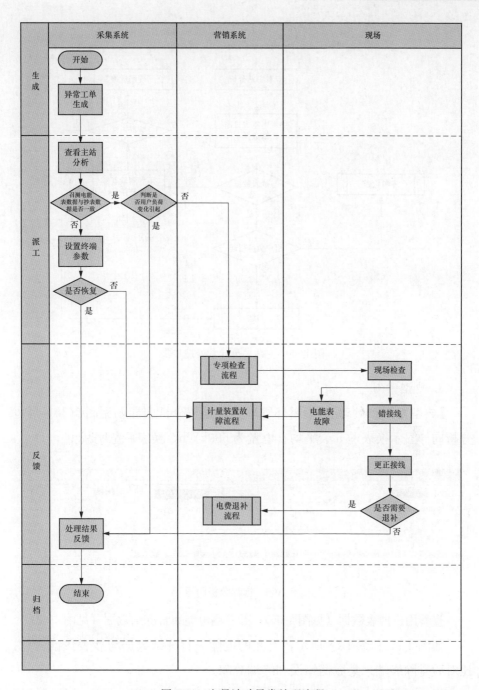

图 1-64　电量波动异常处理流程

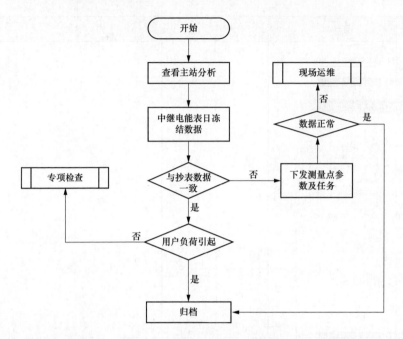

图 1-65　主站人员异常处理步骤

3. 典型案例

【典型案例】　查看采集闭环管理异常远程分析向导，见图 1-66。远程分析向导显示换表前 5 天平均日电量为 599kWh，换表后急剧减少。

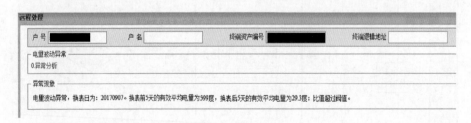

图 1-66　远程分析向导

查看用户抄表数据（见图 1-67），并召测电能表日冻结数据（见图 1-68）。

如图 1-67 和图 1-68 所示，召测的电能表日冻结数据与抄表数据一致，比对后排除终端采集数据错误和终端故障。

无法判断用户用电情况，下发专项检查流程，经用电检查人员现场检查反馈，在更换电能表后联合接线盒电流连接片未打开，造成电量少计，更正接线后追补电费。

| 档案查询 | 抄表数据查询 | 电量数据查询 | 负荷数据查询 | 负荷特性查询 | 电压合格率数据 | 计量异常 | 终端事件 | 工单查询 |

| 户号 | ███████ | * | 户名 | █████ | | 开始日期 | ██████ | |

查询结果:【符号"—"含义为参见左列】

日期 ▾	局号(终端/表计)	正向有功总(kWh)	←尖	←峰	←平	←谷	正向无功总(kva...	反向无功总(kva...	无功电能 I (kvarh)
2017-09-14	3330001000100107...	0.19	0	0.08	0	0.1			0.05
2017-09-13	3330001000100107...	0.16	0	0.07	0	0.08			0.04
2017-09-12	3330001000100107...	0.14	0	0.07	0	0.07			0.03
2017-09-11	3330001000100107...	0.1	0	0.05	0	0.05			0.02
2017-09-10	3330001000100107...	0.08	0	0.04	0	0.03			0.01
2017-09-09	3330001000100107...	0.05	0	0.03	0	0.01			0.01
2017-09-08	3330001000100107...	0.01	0	0.01	0	0			0
2017-09-07	3341101017800068...	4046.97	383.72	1984.28	0	1678.95			1526.02
2017-09-06	3341101017800068...	4046.54	383.72	1984.16	0	1678.65			1525.9
2017-09-05	3341101017800068...	4046.14	383.71	1984.05	0	1678.36			1525.77
2017-09-04	3341101017800068...	4045.64	383.71	1983.74	0	1678.18			1525.62
2017-09-03	3341101017800068...	4045.05	383.7	1983.47	0	1677.87			1525.42
2017-09-02	3341101017800068...	4044.44	383.69	1983.16	0	1677.57			1525.28

图 1-67 抄表数据

招测结果列表

表计局号	测量点号	数据项名称	值	TA	TV
3330001000100135035···	1	日冻结正向有功总电能	0.19	100	1
3330001000100135035···	1	日冻结正向有功电能费率1	0.00	100	1
3330001000100135035···	1	日冻结正向有功电能费率2	0.08	100	1
3330001000100135035···	1	日冻结正向有功电能费率3	0.00	100	1
3330001000100135035···	1	日冻结正向有功电能费率4	0.10	100	1

图 1-68 召测电能表日冻结数据

项目二

电压电流
异常诊断

>> 【项目描述】 本项目包含六类电压电流异常处理的分析思路和处置方法。通过异常定义、异常原因、处理流程、处理步骤、典型案例等，熟悉各类电压电流异常的分析方法，掌握对应的异常处理措施。

>> 【知识要点】

（1）电压电流异常分为电压失压、电压断相、电压越限、电压不平衡、电流失流、电流不平衡异常六类。

（2）异常发生后首先在采集系统中查询档案及负荷数据，分析判别是否为采集主站数据误报或终端数据错误。若为误报，则直接归档；若为终端数据错误，则可通过重新下发测量点参数、测量点任务、远程重启终端、升级等方式进行处理。

（3）如需至现场查看，通过专项检查流程，由现场检查人员根据系统中电压、电流变化规律、用户负荷数据特性和现场实际情况进行针对性检查处理。

任务一 电 压 失 压

>> 【任务描述】 本任务主要介绍用电信息采集系统中发生电压失压的计量异常时的分析、处理措施。

>> 【异常定义】

某相负荷电流大于电能表的启动电流，但电压线路的电压持续低于电能表正常工作电压的下限。

>> 【异常原因】

（1）中性点漂移。

（2）单相或两相用电。

（3）接触不良。

（4）电压互感器故障。

（5）接线错误。

（6）电能表故障。

（7）一次侧电压故障。

（8）终端数据采集错误。

【处理流程】

电压失压异常处理流程见图 2-1。

【处理步骤】

1. 一般处理步骤

（1）采集系统异常告警显示"电压失压"。

（2）在采集系统或营销系统中查询该用户档案（互感器和电能表相线等信息），根据 TV 变比和电能表相线确定电能表每相额定电压：TV 变比为 1 的三相四线表为 220V，TV 变比非 1 的三相三线表为 100V，TV 变比非 1 的三相四线表为 57.7V。如营销系统档案错误需进行更改，采集系统档案错误需进行同步。

（3）在采集系统中查询和召测电能表负荷类数据（包括功率、电压和电流等数据）。检查电能表负荷数据是否完备，若数据存在空值则计算功率与采集功率对比，确认是否为误报；若数据完备则根据接线方式分别判断三相三线用户的电压是否逐渐降低、三相四线用户是否有中性点漂移现象。

（4）在采集系统中召测终端自身数据和表计数据进行比对（浙江规约为 0 号测量点，国家电网规约为 5 号测量点），如终端数据正常，则可初步判定为接线问题或表计问题，进行现场核查。

（5）若发现电压有时正常，有时偏低，则认为是电压回路接触不良，电压不稳定，可召测电压失压开始时间、恢复时间，或在电压偏低且未恢复正常时，赴现场检查后进行计量回路改造使电压恢复正常稳定。

47

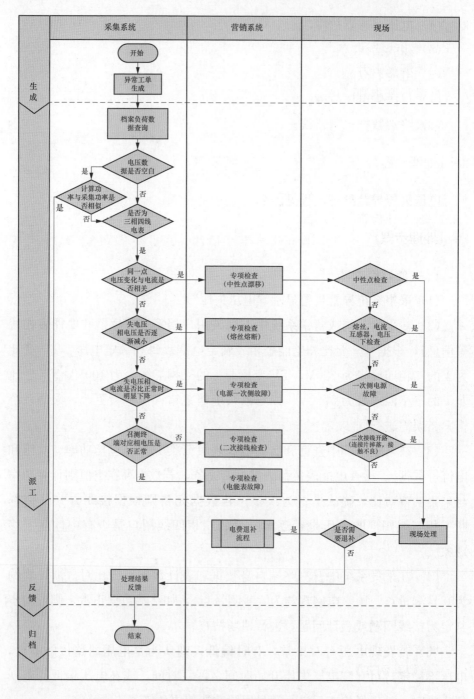

图 2-1　电压失压异常处理流程

（6）对于三相四线 220V 计量的用户，若三相电压的平衡随着三相电流的平衡情况发生显著变化，电流大的相别，电压明显下降，电流小的相别，电压明显上升，则疑似中性点漂移导致三相电压差异，发起专项检查流程并备注基本判断。

（7）失压相的电压项数据逐渐减小，则判断可能为电压互感器一次侧熔丝熔断、电流互感器电压取样线过热熔断、其他电压连接性故障。

（8）失压相的电流数据比失压前数据明显减小，则判断可能为电源一次侧故障、跌落式熔丝熔断、高压线路电压偏低等故障。

（9）专项检查流程归档后，监控异常流程恢复时间，并核查关联退补信息是否完全。

2. 主站人员异常处理步骤

主站人员异常处理步骤见图 2-2。

3. 典型案例

【典型案例一】　10kV 线路电压偏低。

采集系统计量异常告警界面出现一批同一日产生的电压失压异常告警，见图 2-3。

查询这批用户的档案及负荷数据，发现它们都是同一条 10kV 线路下的高压用户，且都是同一时间点出现电压失压，电流数据明显降低，如图 2-4 所示。

继续分析这些用户异常持续期间的电压、电流波动规律，未发现明显的中性点漂移特征。电压失压突然变化无逐渐变化过程，这些异常发生的具体时间均为 21：00，又因电压失压前后电流数据明显下降，怀疑 10kV 供电线路停电引起，发起流程进行现场检查。现场检查确认是这些用户所属的 10kV 线路出现了断线故障，第二天线路故障处理完成后全部恢复正常。

因异常原因是 10kV 供电线路断线故障，不影响计量准确性，故无需发起退补流程。

【典型案例二】　高供高计客户的 TV 熔丝熔断。

采集系统计量异常告警界面出现某户电压失压异常告警，见图 2-5。

49

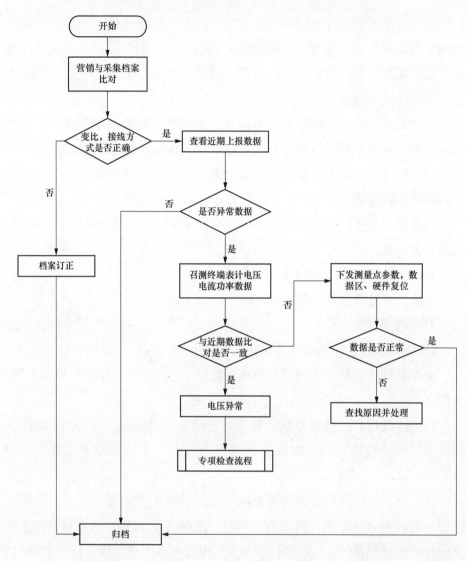

图 2-2 主站人员异常处理步骤

图 2-3 电压失压告警

单用户视图　档案查询　抄表数据查询　电量数据查询　负荷数据查询　负荷特性查询　电压合格率数据　终端事件　工单查询　数据召测

户号		*	户名		数据来源　表计
开始日期	2017-12-15		结束日期	2017-12-16	查询方式　◉一次侧 ◯二次

查询结果：【符号 "" "←" 含义为参见左列】

日期	局号（终端/表计）	瞬时有功	瞬时无功	A相电流（A）	←B相	←C相	A相电压(V)	←B相	←C相	总功率因数	正向有功总（kWh）
2017-12-15 21:45:00	33300010001001…	4.08	0.068	3.68	0.64	0.06	71.1	236.1	171.4	0.90	5052.77
2017-12-15 21:30:00	33300010001001…	2.406	0.052	3.7	9.04	0.08	73.1	235.5	168.9	0.90	5052.76
2017-12-15 21:15:00	33300010001001…	2.396	0.05	3.78	9.04	0.12	69.7	235.2	173.4	0.91	5052.75
2017-12-15 21:00:00	33300010001001…	2.394	0.068	3.6	9.06	0.12	69.6	235.6	174.3	0.92	5052.74
2017-12-15 20:45:00	33300010001001…	4.61	0.234	10.02	9.6	0.12	235.4	235.3	236.2	0.90	5052.72
2017-12-15 20:30:00	33300010001001…	4.534	0.024	6.22	9.04	0.24	235.6	235.4	236.3	0.99	5052.7
2017-12-15 20:15:00	33300010001001…	4.524	0.02	10.06	9.06	0.24	235.3	235.3	236.2	0.99	5251.69

单用户视图　档案查询　抄表数据查询　电量数据查询　负荷数据查询　负荷特性查询　电压合格率数据　终端事件　工单查询　数据召测

户号		*	户名		数据来源　表计
开始日期	2017-12-15		结束日期	2017-12-16	查询方式　◉一次侧 ◯二

查询结果：【符号 "" "←" 含义为参见左列】

日期	局号（终端/表计）	瞬时有功	瞬时无功	A相电流（A）	←B相	←C相	A相电压(V)	←B相	←C相	总功率因数	正向有功总（kWh）
2017-12-15 21:45:00	33300010001001…	0.52	0.44	0.2	5.32	5.56	241.6	73.4	175	0.90	3769.16
2017-12-15 21:30:00	33300010001001…	0.544	0.455	0.2	5.44	5.72	241.8	73.2	175.9	0.90	3769.14
2017-12-15 21:15:00	33300010001001…	0.496	0.412	0.2	5.16	5.4	241.6	73.7	174	0.91	3769.12
2017-12-15 21:00:00	33300010001001…	0.592	0.496	0.2	5.72	5.96	242.2	71.6	178.7	0.92	3769.1
2017-12-15 20:45:00	33300010001001…	5.268	2.796	8.16	8.28	8.36	240.7	241.3	241.6	0.99	3768.41
2017-12-15 20:30:00	33300010001001…	6.031	2.804	8.18	8.2	8.2	241.3	241.7	241.9	0.99	3768
2017-12-15 20:15:00	33300010001001…	6.135	2.901	8.16	8.2	8.36	241	241.3	241.8	0.99	3767.52

图 2-4　负荷数据查询

浙江省	3030	电压失压	已归档	2015-04-10	2015-04-14 00:00:00	抄表	负荷	电压	营销派工

图 2-5　电压失压异常告警

　　查询用户档案，确定该户为 10kV 三相三线高供高计用户，查询负荷数据，见图 2-6。

查询结果：【符号 "" "←" 含义为参见左列】

日期	局号（终端/表计）	瞬时有功	瞬时无功	A相电流（A）	←B相	←C相	A相电压(V)	←B相	←C相
2015-04-10 15:45:00	33300010001001…	0.2227	0.06	1.53	0	1.61	30	0	103
2015-04-10 15:30:00	33300010001001…	0.2428	0.07	1.62	0	1.64	30	0	103
2015-04-10 15:15:00	33300010001001…	0.2582	0.08	1.65	0	1.74	31	0	103
2015-04-10 15:00:00	33300010001001…	0.2688	0.08	1.8	0	1.84	35	0	103
2015-04-10 14:45:00	33300010001001…	0.2462	0.09	1.65	0	1.69	36	0	103
2015-04-10 14:30:00	33300010001001…	0.3052	0.11	1.95	0	2.12	36	0	103
2015-04-10 14:15:00	33300010001001…	0.2782	0.09	1.71	0	1.77	40	0	103
2015-04-10 14:00:00	33300010001001…	0.2771	0.08	1.66	0	1.76	40	0	103

查询结果：【符号 "" "←" 含义为参见左列】

日期	局号（终端/表计）	瞬时有功	瞬时无功	A相电流（A）	←B相	←C相	A相电压(V)	←B相	←C相
2015-04-09 22:45:00	33300010001001…	0.2257	0.06	1.53	0	1.61	83	0	103
2015-04-09 22:30:00	33300010001001…	0.2328	0.07	1.62	0	1.64	85	0	103
2015-04-09 22:15:00	33300010001001…	0.2482	0.08	1.65	0	1.74	85	0	103
2015-04-09 22:00:00	33300010001001…	0.2588	0.08	1.8	0	1.84	86	0	103
2015-04-09 21:45:00	33300010001001…	0.247	0.09	1.65	0	1.69	89	0	103
2015-04-09 21:30:00	33300010001001…	0.3152	0.11	1.95	0	2.12	91	0	103
2015-04-09 21:15:00	33300010001001…	0.2682	0.09	1.71	0	1.77	94	0	103
2015-04-09 21:00:00	33300010001001…	0.2671	0.08	1.66	0	1.76	97	0	103
2015-04-09 20:45:00	33300010001001…	0.2908	0.09	1.73	0	1.77	103	0	103
2015-04-09 20:30:00	33300010001001…	0.2821	0.09	1.65	0	1.76	103	0	103
2015-04-09 20:15:00	33300010001001…	0.298	0.11	1.78	0	1.82	102	0	102
2015-04-09 20:00:00	33300010001001…	0.3128	0.11	1.82	0	1.99	102	0	102
2015-04-09 19:45:00	33300010001001…	0.2127	0.13	1.81	0	1.93	102	0	102
2015-04-09 19:30:00	33300010001001…	0.2418	0.13	2.05	0	2.15	102	0	102

图 2-6　查询负荷数据

A 相电压逐渐由正常 100V 下降到 30V 左右，怀疑电压熔丝过热熔断，遂发起营销专项检查流程，见图 2-7。

图 2-7　营销专项检查流程

现场检查发现高压计量熔丝熔断，故障处理恢复后，发起退补流程。

【典型案例三】　电能表故障引起的电压失压异常。

采集系统计量异常告警界面出现某户电压失压异常告警。

查询用户档案，发现该户为 10kV 三相四线高供低计用户。查询故障前后负荷数据（见图 2-8），检查电压、电流波动规律，未发现明显的同步性。

日期	局号(终端/表计)	瞬时有功(kW)	→无功(kvar)	A相电流(A)	←B相	←C相	A相电压(V)	←B相	←C相
2011-11-18 23:00:00	D11▉(表计)	5.13	1	30	23	27	95	96	95
2011-11-18 22:00:00	D11▉(表计)	4.98	1	29	23	27	95	96	95
2011-11-18 21:00:00	D11▉(表计)	4.96	2	29	22	28	96	97	98
2011-11-18 20:00:00	D11▉(表计)	5.17	2	30	23	28	96	97	96
2011-11-18 19:00:00	D11▉(表计)	5.22	1	30	23	28	97	97	96
2011-11-18 18:00:00	D11▉(表计)	4.59	1	27	22	27	95	96	95
2011-11-18 17:00:00	D11▉(表计)	5.19	2	29	23	29	95	95	95
2011-11-18 16:00:00	D11▉(表计)	4.61	4	28	22	26	94	94	93
2011-11-18 15:00:00	D11▉(表计)	3.8	4	30	0	28	95	95	94
2011-11-18 14:00:00	D11▉(表计)	5.23	2	29	23	28	95	95	94
2011-11-18 13:00:00	D11▉(表计)						94	94	94
2011-11-18 12:00:00	D11▉(表计)	4.92	6	32	24	24	94	94	93
2011-11-18 11:00:00	D11▉(表计)	5.65	1	28	23	34	96	96	95
2011-11-18 10:00:00	D11▉(表计)	4.35		27	22	26	94	94	93
2011-11-18 09:00:00	D11▉(表计)			21	13	21	233	235	234
2011-11-18 08:00:00	D11▉(表计)	14.13	4	24	15	22	235	236	235
2011-11-18 07:00:00	D11▉(表计)	12.89	4	23	13	21	233	234	233
2011-11-18 06:00:00	D11▉(表计)	15.15	5	28	16	24	237	237	236
2011-11-18 05:00:00	D11▉(表计)	14.82	6	29	17	21	238	239	238

图 2-8　故障前后负荷数据

电压失压前后电流变化不明显，可排除电源一次侧故障，再召测终端电压数据，发现三相电压正常（见图 2-9）。初步判断电能表内部存在故障，发起营销专项检查流程，进行现场检查。

测量点号	数据项名称	值	TA	TV
0	当前A相电压	234	100	1
0	当前B相电压	234	100	1
0	当前C相电压	233	100	1

图 2-9　召测三相电压

　　现场检查，发现电能表显示电压异常，但电能表进出线电压均正常，判定为电能表故障，发起计量装置故障流程，现场换表处理后异常恢复，发起退补流程，见图 2-10。

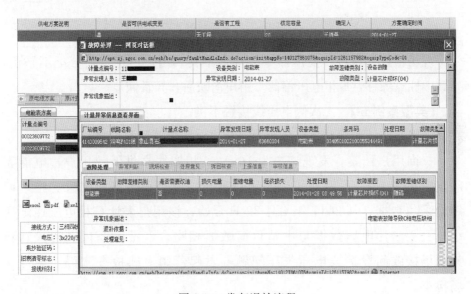

图 2-10　发起退补流程

　　【典型案例四】　中性点漂移，导致电压失压异常。

　　采集系统计量异常告警界面出现某户电压失压异常告警。

　　查询用户档案，发现该户为 10kV 三相四线高供低计用户，电能表额定电压为 220V。

召测查询该用户负荷数据，发现 10 月 23 日 18：00 后该户 B 相电压持续偏低，而 B 相电流相对 A 相电流和 C 相电流显著偏大（见图 2-11）。初步判断为中性点漂移引起电压失压异常告警，发起营销专项检查流程，安排现场检查。

日期 ▼	局号(终端/表计)	瞬时有功(kW)	←无功(kvar)	A相电流(A)	←B相	←C相	A相电压(V)	←B相	←C相
2010-10-23 23:00:00	D1M■■■■■■(表计)	1.5852	0.38	0.96	9.95	0.97	227	153	299
2010-10-23 22:00:00	D1M■■■■■(表计)	1.7105	0.38	0.89	10.14	0.92	224	151	300
2010-10-23 21:00:00	D1M■■■■■(表计)	1.6857	0.38	0.93	9	0.95	229	151	300
2010-10-23 20:00:00	D1M■■■■■(表计)	1.7056	0.36	0.82	10.11	0.91	221	149	300
2010-10-23 19:00:00	D1M■■■■■(表计)	1.6902	0.36	0.9	9.66	0.94	204	152	299
2010-10-23 18:00:00	D1M■■■■■(表计)	1.6242	0.38	0.9	9.51	0.9	225	148	302
2010-10-23 17:00:00	D1M■■■■■(表计)	1.7088	0.37	1.43	9.27	0.94	221	144	299
2010-10-23 16:00:00	D1M■■■■■(表计)	1.7266	0.39	0.96	9.43	0.96	234	149	300
2010-10-23 15:00:00	D1M■■■■■(表计)	1.6528	0.38	0.93	9.89	0.95	223	151	299
2010-10-23 14:00:00	D1M■■■■■(表计)	1.7587	0.41	0.9	9.42	0.95	246	152	303
2010-10-23 13:00:00	D1M■■■■■(表计)	1.7385	0.4	0.73	10.47	0.94	241	149	301

图 2-11　负荷数据

现场检查发现该户变压器零线接地不良，用户三相负荷分配不平衡，导致中性点漂移，B 相电压偏低。用户消缺后，异常恢复。

【典型案例五】 二次侧电压线接触不良。

采集系统计量异常告警界面出现某户电压失压异常告警。

查询用户档案，发现该户为 10kV 三相四线高供低计用户，电能表额定电压为 220V。召测表计电压数据与主站负荷数据相吻合，经查询用电采集数据，从 2017 年 4 月 29 日开始，该用户表计 C 相电压逐渐变小，召测表计电压数据与主站负荷数据相吻合，见图 2-12。初步判断为现场接线问题造成电压失压问题，发起营销专项检查流程，进行现场检查。

5 月 4 日下午，工作人员进行现场核查，发现该用户二次侧 C 相电压线连接到母排处的螺栓松动，造成表计 C 相电压偏低直至电压为 0。工作人员在用户在场的情况下对此故障进行整改。整改后表计 C 相电压恢复正常，恢复时间为 2017 年 5 月 4 日 13：45，见图 2-13。经用户协商后，共完成追补电量 17084kWh，追补电费 12672.71 元。

日期	局号（终端/表计）	瞬时有功	瞬时无功	A相电流（A）	←B相	←C相	A相电压(V)	←B相	←C相	总功率因数
2017-04-29 21:00:00	331010101780104812…	273.744	45.6	482.4	512.4	513.6	235	234	68	0.95
2017-04-29 20:45:00	331010101780104812…	338.028	42	610.8	615.6	615.6	233	234	128	0.96
2017-04-29 20:30:00	331010101780104812…	297.266	33.6	439.2	566.4	510	236	235	127	0.94
2017-04-29 20:15:00	331010101780104812…	366.48	32.4	639.6	627.6	686.4	235	234	142	0.94
2017-04-29 20:00:00	331010101780104812…	309.732	37.2	511.2	550	465.6	235	234	139	0.95
2017-04-29 19:45:00	331010101780104812…	734.52	28.8	590.4	643.2	622.8	234	233	145	0.94
2017-04-29 19:30:00	331010101780104812…	317.388	39.6	495.6	507.6	541.2	234	234	163	0.95
2017-04-29 19:15:00	331010101780104812…	348.684	33.6	470.4	584.4	513.6	234	233	191	0.94
2017-04-29 19:00:00	331010101780104812…	462.492	61.2	732	679.2	723.6	234	231	207	0.96
2017-04-29 18:45:00	331010101780104812…	489.636	79.2	868.8	736	769.2	228	231	212	0.95
2017-04-29 18:30:00	331010101780104812…	525.624	73.2	805.2	764.4	776.4	228	232	214	0.95

查询结果：【符号 "" "←" 含义为参见左列】

图 2-12 负荷数据

档案查询 抄表数据查询 电量数据查询 负荷数据查询 负荷特性查询 电压合格率数据 计量异常 终端事件 工单查询

日期	局号(终端/表计)	瞬时有功(kW)	←无功(kvar)	A相电流(A)	←B相	←C相	A相电压(V)	←B相	←C相
2017-05-04 15:00:00	331010101780104829241…								
2017-05-04 15:00:00	331010101780104829241(表计)	473.196	44.4	644.4	704.4	661.2	225	224	225
2017-05-04 14:45:00	331010101780104829241(表计)	483.444	39.6	721.2	708	726	224	225	226
2017-05-04 14:30:00	331010101780104829241(表计)	461.844	54	822	756	692.4	224	224	225
2017-05-04 14:15:00	331010101780104829241(表计)	465.312	50.4	757.2	656.4	688.8	224	225	226
2017-05-04 14:00:00	331010101780104829241(表计)	554.508	48	790.8	820.8	825.6	223	224	224
2017-05-04 13:45:00	331010101780104829241(表计)	547.596	51.6	804	811.2	834	224	225	225
2017-05-04 13:30:00	331010101780104829241(表计)	358.896	36	879.6	878.4	814.8	223	223	0
2017-05-04 13:15:00	331010101780104829241(表计)	339.744	34.8	710.4	716.4	702	225	225	0
2017-05-04 13:00:00	331010101780104829241(表计)	328.428	22.8	717.8	696	774	224	225	0
2017-05-04 12:45:00	331010101780104829241(表计)	305.952	26.4	703.2	712.8	662.4	225	226	

户号 ＊　户名　数据来源 表计
开始日期 2017-04-29　结束日期 2017-05-05　查询方式

图 2-13 13：45 负荷数据

任务二 电压断相

> 【任务描述】 本任务主要介绍用电信息采集系统中发生电压断相的计量异常时的分析、处理措施。

> 【异常定义】

在三相供电系统中，计量回路中的一相或两相断开的现象。某相出现电压低于电能表正常工作电压，同时该相负荷电流小于启动电流的工况就属于电压断相。

> 【异常原因】

（1）计量二次回路电压故障，且用户未用电。

（2）终端数据采集错误。

（3）电能表故障。

（4）三相表单相或两相供电。

（5）高压（进线）侧缺相。

【处理流程】

电压断相异常处理流程见图 2-14。

【处理步骤】

1. 一般处理步骤

（1）专用变压器用户。

1）用电信息采集系统异常告警显示"电压断相"，查询档案是否为三相三线表。

2）在系统中查询异常发生时间前后的负荷数据，负荷数据中是否存在因空白引起的缺相，若不是，则负荷数据内各项数据是否均为 0，若数据均为 0，且抄表数据中同局号示数曾不为 0，同时确认档案终端和电能表调试时间是否为异常发生时间，则可推断异常为终端采集故障，重新下发正确测量点参数并重投任务后观察。

3）如三相三线表 A、C 相电压下降 50％左右，则推断为 B 相高压侧断相高压侧缺相，三相三线表 A、C 相电压接近 0，则推断相应相高压侧缺相高压侧断相，并发起现场专项检查。

4）若为三相四线表，除断相相外，其他两相的电压均有下降，则优先判断外部电源电压失压（高压侧缺相高压侧断相、电能表进线掉落等故障）。

5）若三相四线表，除断相相外，其他两相电压无异常则召测终端电压数据，判断是否电能表故障或电能表的电压连接片未紧固。

（2）低压用户。

1）用电信息采集系统异常告警显示"电压断相"。

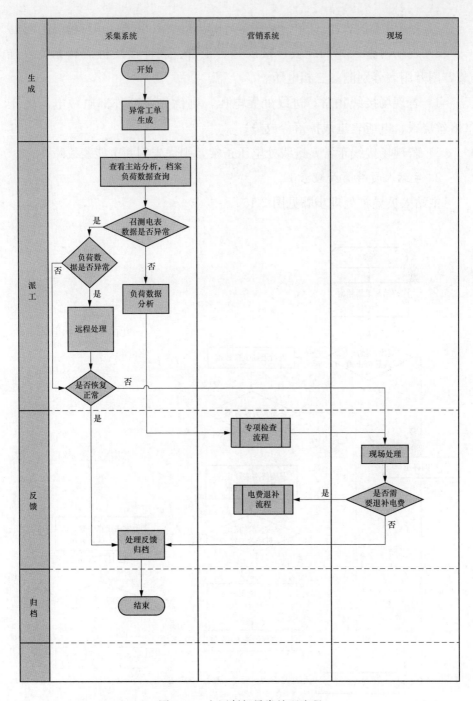

图 2-14 电压断相异常处理流程

2）系统中召测表计三相电压，确定某相电压断相，派发工单现场核查处理。

3）现场检查三相四线表计接线是否正常、表计接线桩头有无烧毁迹象，用万用表分别测量三相电压。

4）若现场接线正常，进线处无电压，则优先判断外部电源电压失压（熔丝烧毁、电能表进线掉落等故障）。

5）若现场接线正常，进线处电压正常，则优先判断电能表故障。

2. 主站人员异常处理步骤

主站人员异常处理步骤见图 2-15。

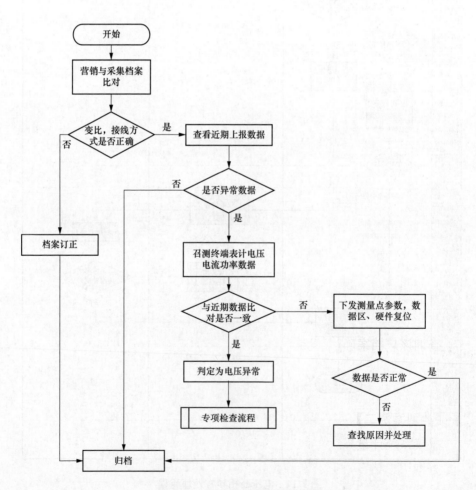

图 2-15　主站人员异常处理步骤

3. 典型案例

【典型案例一】 终端采集数据问题引起电压断相异常。

采集系统计量异常告警界面出现某户电压断相异常告警。

查询用户档案，确定该户为 10kV 三相四线高供低计用户，电能表额定电压为 220V。

查询负荷数据（见图 2-16），发现异常持续期间三相电压、电流、功率、有功示数等全部显示为 0。

日期	局号（终端/表计）	瞬时有功(kW)	无功(kvar)	A相电流(A)	B相	C相	A相电压(V)	B相	C相	总功率因数	正向有功总(..	一象限无功(..	四象限无功(kva..
2015-04-08 19:00:00	33403101780000674426904(表计)	0	0	0	0	0	0	0	0	0	0	0	0
2015-04-08 18:45:00	33403101780000674426904(表计)	0	0	0	0	0	0	0	0	0	0	0	0
2015-04-08 18:30:00	33403101780000674426904(表计)	0	0	0	0	0	0	0	0	0	0	0	0
2015-04-08 18:15:00	33403101780000674426904(表计)	0	0	0	0	0	0	0	0	0	0	0	0
2015-04-08 18:00:00	33403101780000674426904(表计)	0	0	0	0	0	0	0	0	0	0	0	0
2015-04-08 17:45:00	33403101780000674426904(表计)	0	0	0	0	0	0	0	0	0	0	0	0
2015-04-08 17:30:00	33403101780000674426904(表计)	0	0	0	0	0	0	0	0	0	0	0	0
2015-04-08 17:15:00	33403101780000674426904(表计)	0	0	0	0	0	0	0	0	0	0	0	0
2015-04-08 17:00:00	33403101780000674426904(表计)	0	0	0	0	0	0	0	0	0	0	0	0
2015-04-08 16:45:00	33403101780000674426904(表计)	0	0	0	0	0	0	0	0	0	0	0	0
2015-04-08 16:30:00	33403101780000674426904(表计)	0	0	0	0	0	0	0	0	0	0	0	0
2015-04-08 16:00:00	33403101780000674426904(表计)	38.562	12.03	58.32	58.38	61.08	227.1	230	227	95	29.6	14.17	0.1
2015-04-08 15:30:00	33403101780000674426904(表计)	32.52	6	39	55.2	52.8	228	226	226	98	8903.61	7240.75	15.75
2015-04-08 15:15:00	33403101780000674426904(表计)	33.588	5.4	40.2	57.6	53.4	227	226	226	99	8903.46	7240.72	15.75
2015-04-08 15:00:00	33403101780000674426904(表计)	0	0	0	0	0	0	0	0	0	0	0	0
2015-04-08 15:00:00	33403101780000674426904(表计)	26.298	4.8	32.4	41.4	43.8	228	228	227	98	8903.37	7240.7	15.75
2015-04-08 14:45:00	33403101780000674426904(表计)	37.008	9	54	56.4	58.2	228	226	225	97	8903.2	7240.65	15.75
2015-04-08 14:30:00	33403101780000674426904(表计)	43.326	10.2	55.2	73.2	70.2	226	226	225	97	8903.09	7240.62	15.75
2015-04-08 14:15:00	33403101780000674426904(表计)	34.77	7.2	43.8	54.6	56.4	226	227	226	98	8902.92	7240.57	15.75
2015-04-08 14:00:00	33403101780000674426904(表计)	159.198	88.698	242.34	234.48	260.1	228.7	224	222.3	87	28.67	13.68	0.1
2015-04-08 14:00:00	33403101780000674426904(表计)	33.264	2.4	39.6	57.6	52.2	226	227	225	1	8902.82	7240.55	15.75

图 2-16　负荷数据

查询该户档案确认终端安装日期和调试日期，见图 2-17。

初步判断为终端故障，重新下发测量点参数、重投任务并重启终端后，观测是否恢复正常，若未恢复则需现场进行终端维护工作。

【典型案例二】 三相四线电压断相，其他相电压有明显下降。

采集系统计量异常告警界面出现某户电压断相异常告警。

查询用户档案，确定该户为 10kV 三相四线高供低计用户，电能表额定电压为 220V。

终端档案明细

终端局号:	3310██████████	单 位:	████供电所
逻辑地址:	13583344	SIM卡号:	13█████████
终端状态:	运行	终端类型:	专变终端
规约类型:	GDW376.1规约(国网)	采集方式:	GPRS+RS485
终端厂家:	██████	终端型号:	XLDZ-DK2
硬件版本:		软件版本:	
入库日期:	2015-04-07	安装日期:	2015-04-08
CT:	60	PT:	1
接线方式:	三相四线	通讯端口号:	2
主通信地址:	02,10.137.253.7:███	备通信地址:	01,095598350101
APN:	ZJDL.ZJ	短信中心号码:	0

图 2-17　用户档案

查询负荷数据，发现异常持续期间，C 相电压突然为 0（见图 2-18），且异常发生时，A、B 相电压均有明显下降。

日期 ▾	局号(终端表计)	瞬时有功(kW)	←无功(kvar)	A相电流(A)	←B相	←C相	A相电压(V)	←B相	←C相	总功率因数	←C相
2015-03-16 03:00:00	BNM██(表计)	0.001	0	0	0	0	214	215	0	1	
2015-03-16 02:00:00	BNM██(表计)	0.001	0	0	0	0	214	215	0	1	299
2015-03-16 01:00:00	BNM██(表计)	0.0009	0	0	0	0	213	215	0	1	300
2015-03-16 00:00:00	BNM██(表计)	0.0009	0	0	0	0	214	215	0	1	300
2015-03-15 23:00:00	BNM██(表计)	0.0009	0	0	0	0	214	215	0	1	300
2015-03-15 22:00:00	BNM██(表计)	0.001	0	0	0	0	214	215	0	1	300
2015-03-15 21:00:00	BNM██(表计)	0.0009	0	0	0	0	214	215	0	1	299
2015-03-15 20:00:00	BNM██(表计)	0.0009	0	0	0	0	212	213	0	1	302
2015-03-15 19:00:00	BNM██(表计)	0.0009	0	0	0	0	210	212	0	1	299
2015-03-15 18:00:00	BNM██(表计)	0.0009	0	0	0	0	210	211	0	1	
2015-03-15 17:00:00	BNM██(表计)	0.0019	0	0	0	0	244	243	244	1	300
2015-03-15 16:00:00	BNM██(表计)	0.0018	0	0	0	0	240	240	241	1	299
2015-03-15 15:00:00	BNM██(表计)	0.0017	0	0	0	0	240	240	240	1	303
2015-03-15 14:00:00	BNM██(表计)	0.0017	0	0	0	0	239	240	240	1	301
2015-03-15 13:00:00	BNM██(表计)	0.0018	0	0	0	0	236	236	236	1	
2015-03-15 12:00:00	BNM██(表计)	0.0017	0	0	0	0	241	241	241	1	

图 2-18　负荷数据

发起专项检查流程，现场检查发现外部高压侧断相高压侧断相，现场恢复后，A、B、C 三相电压均恢复正常，见图 2-19。

【典型案例三】　三相三线电压缺相。

采集系统计量异常告警界面出现某用户电压断相异常告警。

查询用户档案，确定该户为 10kV 三相三线高供低计用户，电能表额定电压为 100V。

日期 ▾	局号(终端/表计)	瞬时有功(kW)	←无功(kvar)	A相电流(A)	←B相	←C相	A相电压(V)	←B相	←C相	总功率因数
2015-03-26 20:00:00	BNM███(表计)	0.0019	0	0	0	0	245	244	245	
2015-03-26 19:00:00	BNM███(表计)	0.0018	0	0	0	0	242	242	243	
2015-03-26 18:00:00	BNM███(表计)	0.0019	0	0	0	0	242	242	243	
2015-03-26 17:00:00	BNM███(表计)	0.0017	0	0	0	0	240	240	241	
2015-03-26 16:00:00	BNM███(表计)	0.0015	0	0	0	0	238	238	238	
2015-03-26 15:00:00	BNM███(表计)	0.0015	0	0	0	0	239	239	240	
2015-03-26 14:00:00	BNM███(表计)	0.0015	0	0	0	0	237	237	238	
2015-03-26 13:00:00	BNM███(表计)	0.0037	0	0	0	0	238	238	238	
2015-03-26 12:00:00	BNM███(表计)	0.0038	0	0	0	0	240	240	240	
2015-03-26 11:00:00	BNM███(表计)	0.0041	0	0	0	0	248	247	248	
2015-03-26 10:00:00	BNM███(表计)	0.0038	0	0	0	0	240	240	241	
2015-03-26 09:00:00	BNM███(表计)	0	0	0	0	0	204	204	0	
2015-03-26 08:00:00	BNM███(表计)	0	0	0	0	0	204	206	10	
2015-03-26 07:00:00	BNM███(表计) ■	0	0	0	0	0	210	211	10	
2015-03-26 06:00:00	BNM███(表计)	0	0	0	0	0	213	214	10	
2015-03-26 05:00:00	BNM███(表计)	0	0	0	0	0	215	215	11	

图 2-19 负荷数据

查询负荷数据，发现异常持续期间，A 相和 C 相电压均下降一半左右（见图 2-20）。判断 B 相断相，发起专项检查流程。

表计)	瞬时有功(kW)	←无功(kvar)	A相电流(A)	←B相	←C相	A相电压(V)	←B相	←C相	总功率因数
0000253451…	0.0008	0.0001	0.01	0	0.006	61.2	0	44.5	.99
0000253451…	0.0008	0.0001	0.01	0	0.006	61.3	0	44.4	.99
0000253451…	0.0008	0.0001	0.01	0	0.006	60.7	0	44.8	.99
0000253451…	0.0008	0.0001	0.01	0	0.006	61.3	0	44.3	.99
0000253451…	0.0008	0.0001	0.009	0	0.006	61.2	0	44.3	.99
0000253451…	0.0008	0.0001	0.009	0	0.006	61.2	0	44.2	.99
0000253451…	0.0008	0.0001	0.009	0	0.006	60.7	0	44.7	.99
0000253451…	0.0008	0.0001	0.009	0	0.006	61.1	0	44.3	.99
0000253451…	0.0008	0.0001	0.009	0	0.006	60.8	0	44.6	.99
0000253451…	0.0008	0.0001	0.009	0	0.006	60.9	0	44.4	.99
0000253451…	0.0008	0.0001	0.009	0	0.006	61	0	44.1	.99
0000253451…	0.0008	0.0001	0.009	0	0.006	60.5	0	44.3	.99
0000253451…	0.0008	0	0.011	0	0.006	60.8	0	44	1
0000253451…	0.0008	0	0.01	0	0.006	60.8	0	43.9	1
0000253451…	0.0008	0	0.01	0	0.006	60.7	0	43.9	1
0000253451…	0.0008	0	0.011	0	0.008	60.7	0	43.9	1

图 2-20 负荷数据

经现场检查反馈为 B 相高压侧断相，导致 A、C 相电压均下降一半左右。

【典型案例四】 三相四线电压断相，其他相电压没有明显下降。

采集系统计量异常告警界面出现某户电压断相异常告警。

查询用户档案，确定该户为 10kV 三相四线高供低计用户，电能表额定电压为 220V。

61

查询负荷数据，发现异常持续期间，C 相电压突然为 0（见图 2-21），且异常发生时，A、B 相电压没有明显下降。

局号(终端累计)	瞬时有功(kW)	←无功(kvar)	A相电流(A)	←B相	←C相	A相电压(V)	←B相	←C相	总功率因数
33101010200010695412...	0.0017	0	0.01	0	0.01	242	237	0	1
33101010200010695412...	0.0017	0	0.01	0	0.01	242	236	0	1
33101010200010695412...	0.0017	0	0.01	0	0.01	241	236	0	1
33101010200010695412...	0.0017	0	0.01	0	0.01	241	236	0	1
33101010200010695412...	0.0017	0	0.01	0	0.01	241	236	0	1
33101010200010695412...	0.0017	0	0.01	0	0.01	241	236	0	1
33101010200010695412...	0.0017	0	0.01	0	0.01	241	233	0	1
33101010200010695412...	0.0017	0	0.01	0	0	241	225	21	1
33101010200010695412...	0.0224	0	0.01	0	0.11	241	236	225	1
33101010200010695412...	0.0277	0	0.01	0	0.13	241	238	229	1
33101010200010695412...	0.0272	0	0.01	0	0.13	241	233	226	1
33101010200010695412...	0.0323	0	0.01	0	0.15	241	237	231	1
33101010200010695412...	0.0241	0	0.01	0	0.11	241	235	228	1
33101010200010695412...	0.0277	0	0.01	0	0.12	241	238	231	1

图 2-21 负荷数据

召测终端电压情况见图 2-22。

召测结果列表						
表计局号	测量点号	数据项名称		值	TA	TV
B0▇▇▇	0	A相电压（一次侧）		238.60	30	1
B0▇▇▇	0	B相电压（一次侧）		239.41	30	1
B0▇▇▇	0	C相电压（一次侧）		239.02	30	1

图 2-22 召测终端电压情况

发现终端电压均正常，发起专项检查流程。

任务三 电 压 越 限

≫ 【任务描述】 本任务主要介绍用电信息采集系统中发生电压越限的计量异常时的分析、处理措施。

≫ 【异常定义】

电压越上限、上上限以及电压越下限、下下限等异常现象。

>> 【异常原因】

(1) 中性点漂移（计量零线未接或氧化、变压器接地故障等）。

(2) 外部供电电源电压越限。

(3) 电能表故障。

(4) 终端故障。

(5) 接线错误。

>> 【处理流程】

电压越限异常处理流程见图 2-23。

>> 【处理步骤】

1. 一般处理步骤

(1) 查看采集系统告警前后负荷数据中的电压数据项及近期上报数据，核对上报的电压是否存在异常数据，如果是因为偶发突变数据引起的异常可直接数据错误归档。

(2) 召测电能表实时三相电压，若召测电能表电压数据正常，则查看终端规约、表地址等参数是否正常，如果是采集设备异常上报数据错误引起的异常，可通过重新下发测量点参数、测量点任务、远程重启终端、升级等方式处理，如仍未恢复，则派工现场运维人员进行现场处理，现场处理不成功的，发起终端更换流程。

(3) 召测电能表实时三相电压，若召测电能表电压数据异常。查看用户负荷数据特性，触发专项检查流程。若电压随电流变化，重点核查是否存在中性点偏移，若相电压等于线电压，重点核查是否为接线错误，同时，用电检查人员根据现场实际从是否有外部供电电源、电能表是否故障、计量零线是否氧化或未接等方面判别异常原因。

2. 主站人员异常处理步骤

主站人员异常处理步骤见图 2-24。

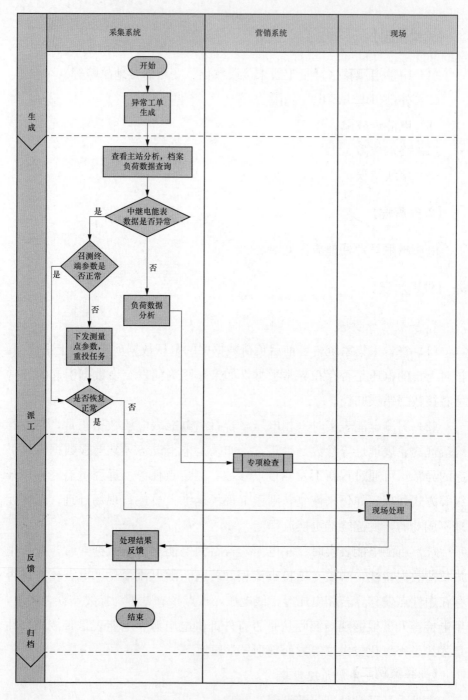

图 2-23　电压越限异常处理流程

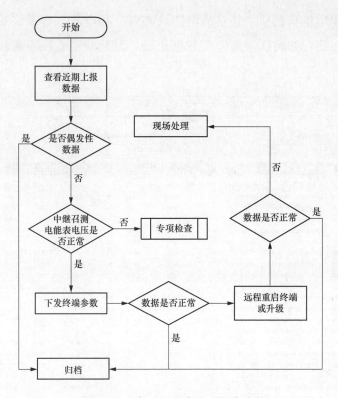

图 2-24　主站人员异常处理操作步骤

3. 典型案例

【典型案例一】　中性点漂移案例分析。

对于三相四线用户，在采集系统主站进行异常诊断可从负荷数据记录分析，查看告警前后负荷数据里电压数据项，并召测电能表实时三相电压，查看终端或电能表数据是否正确。若电压数据一致，再查看用户负荷数据电压特征，电流小或不用电时，三相电压正常；大电流或三相用电不平衡时三相电压发生畸变，确认异常为零线未接或接触不良引起的中性点漂移，进行营销专项检查派工，现场查看并处理。详见图 2-25。

【典型案例二】　外部供电电源电压越限案例分析。

在采集系统主站进行异常诊断可从负荷数据记录分析，查看告警前后负荷数据里电压数据项，并召测电能表实时三相电压，查看终端或电能表数据是否正确，如确认采集电压数据正确，发起营销专项检查流程。详见图 2-26。

图 2-25　负荷数据分析

图 2-26　负荷数据分析

【典型案例三】 终端故障引起电压越限。

在采集系统主站进行异常诊断可从负荷数据记录分析，查看告警前后负荷数据里电压数据项，并召测电能表实时三相电压，电能表与终端数据不一致，且负荷数据无规律，在系统上进行终端参数调整并进行终端复位后，数据仍未恢复，发起营销专项检查流程，现场确认终端故障，发起计量装置故障流程更换终端，详见图 2-27。经现场检查，确认为终端故障，更换终端后，电压恢复正常。

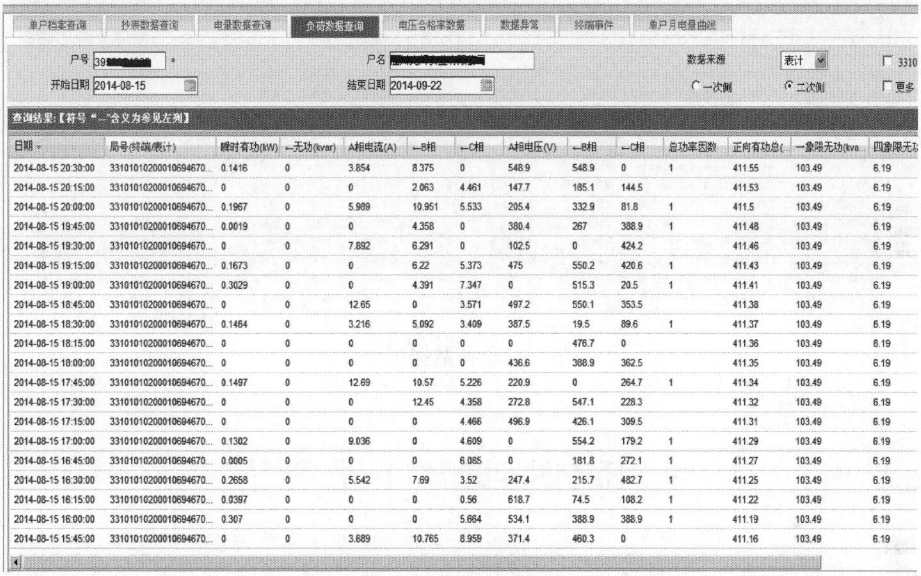

日期 ↑	局号(终端/统计)	瞬时有功(kW)	无功(kvar)	A相电流(A)	B相	C相	A相电压(V)	B相	C相	总功率因数	正向有功(	一象限无功(kva	四象限无
2014-08-15 20:30:00	331010102000106946 70...	0.1416	0	3.854	8.375	0	548.9	548.9	0	1	411.55	103.49	6.19
2014-08-15 20:15:00	331010102000106946 70...	0	0	2.063	4.461	147.7	185.1	144.5		1	411.53	103.49	6.19
2014-08-15 20:00:00	331010102000106946 70...	0.1967	0	5.989	10.951	5.533	205.4	332.9	81.8	1	411.53	103.49	6.19
2014-08-15 19:45:00	331010102000106946 70...	0.0019	0	4.358	0	380.4	267	388.9	1		411.48	103.49	6.19
2014-08-15 19:30:00	331010102000106946 70...	0	0	7.892	6.291	0	102.5	0	424.2		411.46	103.49	6.19
2014-08-15 19:15:00	331010102000106946 70...	0.1673	0	6.22	5.373	475	550.2	420.6	1		411.43	103.49	6.19
2014-08-15 19:00:00	331010102000106946 70...	0.3029	0	4.391	7.347	0	515.3	20.5	1		411.41	103.49	6.19
2014-08-15 18:45:00	331010102000106946 70...	0	0	12.65	0	3.571	497.2	550.1	353.5		411.38	103.49	6.19
2014-08-15 18:30:00	331010102000106946 70...	0.1464	0	3.216	5.092	3.409	387.5	19.5	89.6	1	411.37	103.49	6.19
2014-08-15 18:15:00	331010102000106946 70...	0	0	0	0	0	476.7	0			411.36	103.49	6.19
2014-08-15 18:00:00	331010102000106946 70...	0	0	0	0	0	436.6	388.9	362.5		411.36	103.49	6.19
2014-08-15 17:45:00	331010102000106946 70...	0.1497	0	12.69	10.57	5.226	220.9	0	264.7	1	411.34	103.49	6.19
2014-08-15 17:30:00	331010102000106946 70...	0	0	12.45	4.358	272.8	547.1	228.3			411.32	103.49	6.19
2014-08-15 17:15:00	331010102000106946 70...	0	0	0	4.466	496.9	426.1	309.5			411.31	103.49	6.19
2014-08-15 17:00:00	331010102000106946 70...	0.1302	0	9.036	0	4.609	0	554.2	179.2	1	411.29	103.49	6.19
2014-08-15 16:45:00	331010102000106946 70...	0.0005	0	0	6.085	0	181.8	272.1	1		411.27	103.49	6.19
2014-08-15 16:30:00	331010102000106946 70...	0.2658	0	5.542	7.69	3.52	247.4	215.7	482.7	1	411.25	103.49	6.19
2014-08-15 16:15:00	331010102000106946 70...	0.0397	0	0	0.56	618.7	74.5	108.2	1		411.22	103.49	6.19
2014-08-15 16:00:00	331010102000106946 70...	0.307	0	5.664	534.1	388.9	388.9	1			411.19	103.49	6.19
2014-08-15 15:45:00	331010102000106946 70...	0	0	3.689	10.765	8.959	371.4	460.3	0		411.16	103.49	6.19

图 2-27 负荷数据记录分析

【典型案例四】 零线未接或接触不良。

该专用变压器用户系统报电压越上限，系统召测电能表实时三相电压、终端电压，发现与上报数据一致。现场检查时，发现电能表显示电压、终端显示电压与上报电压数据一致，但与配电柜电压表电压值不一致，现场测量发现联合接线盒端电压也存在异常，后仔细检查二次回路接线，发现零线与零线排连接处因氧化接触不良。

若召测终端电压与电能表电压不一致，可初步判断电能表零线存在问题或电能表故障，现场检查时应测量联合接线盒、终端接线端子、电能表接线端子处电压并与显示电压进行比对，在确定接线无问题情况下可怀疑电能表故障，见图 2-28。

| 档案查询 | 抄表数据查询 | 电量数据查询 | 负荷数据查询 | 负荷特性查询 | 电压合格率数据 | 计量异常 | 终端事件 | 工单查询 |

日期 ▲	局号(终端/统计)	瞬时有功(kW)	←无功(kvar)	A相电流(A)	←B相	←C相	A相电压(V)	←B相	←C相	总功率因数
2017-05-23 08:00:00	3330001000100064378087(表计)	2.8578	1.8306	4.915	4.918	5.546	264.8	270.2	263.5	0.84
2017-05-23 08:15:00	3330001000100064378087(表计)	0.8681	-0.2425	0.022	0.658	3.109	261.2	266.5	260.1	1
2017-05-23 08:30:00	3330001000100064378087(表计)	0.863	-0.2411	0.022	0.658	3.069	261.8	267.1	260.6	1
2017-05-23 08:45:00	3330001000100064378087(表计)	2.9286	1.6876	4.052	4.968	5.7	260.2	265.4	259	0.87
2017-05-23 09:00:00	3330001000100064378087(表计)	0.883	-0.2415	0.021	0.659	3.153	260.4	265.8	259.2	1
2017-05-23 09:15:00	3330001000100064378087(表计)	0.8758	-0.2439	0.021	0.659	3.145	261.9	267.2	260.6	1
2017-05-23 09:30:00	3330001000100064378087(表计)	0.8681	-0.2417	0.022	0.663	3.079	262.4	267.6	260.9	1
2017-05-23 09:45:00	3330001000100064378087(表计)	0.8638	-0.2427	0.022	0.659	3.081	262	267.5	260.6	1
2017-05-23 10:00:00	3330001000100064378087(表计)	0.8729	-0.2418	0.022	0.659	3.128	261.8	267.1	260.3	1
2017-05-23 10:15:00	3330001000100064378087(表计)	0.8664	-0.2433	0.022	0.681	3.071	263.2	268.5	261.6	1
2017-05-23 10:30:00	3330001000100064378087(表计)	0.8633	-0.2386	0.022	0.658	3.076	261.9	267.4	260.3	1
2017-05-23 10:45:00	3330001000100064378087(表计)	0.8678	-0.2488	0.022	0.666	3.035	264	271.4	264.4	1
2017-05-23 11:00:00	3330001000100064378087(表计)	0.8837	-0.2452	0.022	0.665	3.086	264	269.3	262.4	1
2017-05-23 11:15:00	3330001000100064378087(表计)	0.9102	-0.2522	0.022	0.667	3.209	266.8	272.3	265.1	1
2017-05-23 11:30:00	3330001000100064378087(表计)	2.9578	1.7967	4.164	5.011	5.674	264.8	269.7	263.1	0.85
2017-05-23 11:45:00	3330001000100064378087(表计)	0.8875	-0.2429	0.022	0.66	3.072	263.5	268.6	261.6	1
2017-05-23 12:00:00	3330001000100064378087(表计)	0.8638	-0.2332	0.021	0.652	3.126	258.7	263.7	257	1
2017-05-23 12:15:00	3330001000100064378087(表计)	0.861	-0.2335	0.022	0.654	3.107	259.9	265.2	258.2	1
2017-05-23 12:30:00	3330001000100064378087(表计)	0.8634	-0.2398	0.022	0.659	3.066	262	267.2	260.5	1
2017-05-23 12:45:00	3330001000100064378087(表计)	0.8624	-0.2353	0.021	0.655	3.093	259.5	265	258.2	1
2017-05-23 13:00:00	3330001000100064378087(表计)	0.8966	-0.2369	0.022	0.655	3.28	259.3	264.5	257.8	1
2017-05-23 13:15:00	3330001000100064378087(表计)	0.8689	-0.2472	0.022	0.664	3.041	265.1	270.2	263.4	1
2017-05-23 13:30:00	3330001000100064378087(表计)	0.8618	-0.2357	0.022	0.655	3.094	259.8	264.9	258.4	1
2017-05-23 13:45:00	3330001000100064378087(表计)	0.8617	-0.2356	0.021	0.654	3.097	259.4	264.6	258	1

图 2-28　负荷数据记录分析

任务四　电 压 不 平 衡

》【任务描述】　本任务主要介绍用电信息采集系统中发生电压不平衡的
计量异常时的分析、处理措施。

》【异常定义】

　　三相电能表各相电压均正常（非失压、断相）的情况下，最大电压与
最小电压差值超过一定比例。

》【异常原因】

　　(1) 高压熔丝故障。

　　(2) 中性点漂移。

　　(3) 计量回路中电压回路接触不良。

　　(4) 电能表故障。

　　(5) 终端故障。

【处理流程】

电压不平衡异常处理流程见图 2-29。

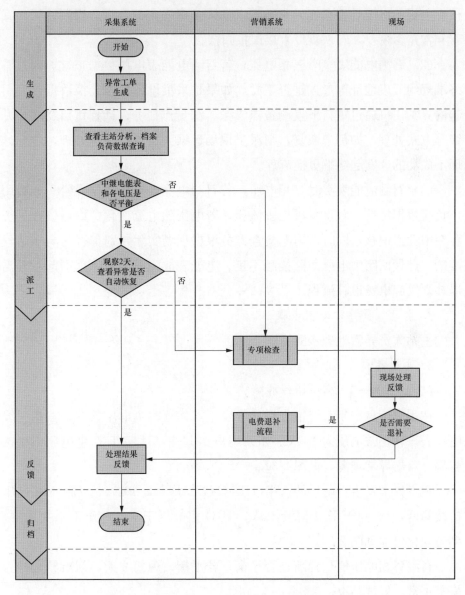

图 2-29 电压不平衡异常处理流程

≫ 【处理步骤】

1. 一般处理步骤

（1）查看采集系统告警前后负荷数据中的电压数据项及近期上报数据，核对上报的电压是否存在异常数据，如果是偶发突变数据，观测 2 天，查看异常是否恢复，若恢复可直接误报归档。

（2）召测电能表实时三相电压，若召测电能表电压数据正常，则查看终端规约、表地址等参数是否正常，如果是采集设备异常上报数据错误引起的异常，可通过重新下发测量点参数、测量点任务、远程重启终端、升级等方式处理，如仍未恢复，则派工现场运维人员进行现场处理，现场处理不成功的，发起终端更换流程。

（3）召测电能表实时三相电压，若召测电能表电压数据异常。查看用户负荷数据特性，触发专项检查流程，若电压随电流变化，重点核查是否存在中性点偏移，同时，用电检查人员根据现场实际判别是否为高压熔丝熔断、计量回路中电压回路接触不良、电能表故障等异常原因引起，若需退补则发起电费退补流程。

2. 主站人员异常处理步骤

主站人员异常处理步骤见图 2-30。

3. 典型案例

【典型案例一】　高压熔丝故障。

在用电信息采集系统中查询异常发生点邻近时刻电压数据，三相三线电能表每相正常电压为 100V。如某用户 2014 年 9 月 7 日产生电压不平衡告警，点击异常现象，见图 2-31。

观察异常发生点附近的三相电压情况，9 月 6 日 19：00 以后 A 相电压持续降低，从 100V 逐步降至 90V，且 C 相电压正常，电压不平衡成立。动态变化过程见图 2-32。

召测各相电压值，判断是否平衡，若平衡，观察 2 天，判断异常是否恢复正常，处理结束。

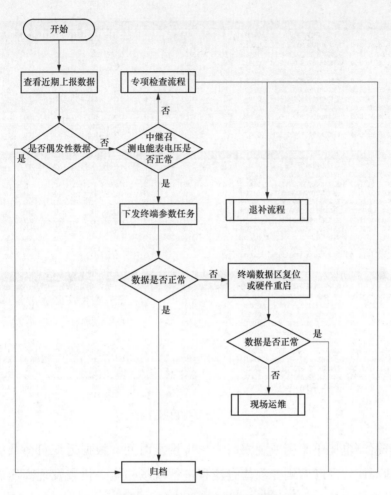

图 2-30　主站人员异常处理步骤

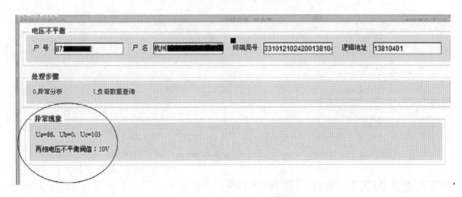

图 2-31　异常现象分析

查询结果：【符号 "" 一 含义为参见左列】										
日期	局号（终端/表计）	瞬时有功	瞬时无功	A相电流（A）	←B相	←C相	A相电压(V)	←B相	←C相	总功率因数
2014-09-06 20:30:00	3340401020300001852…	0.0012	0	0.03	0	0.02	99	0	104	1
2014-09-06 20:15:00	3340401020300001852…	0.0012	0	0.02	0	0.02	98	0	103	1
2014-09-06 19:00:00	3340401020300001852…	0.0012	0	0.02	0	0.02	99	0	104	1
2014-09-06 19:45:00	3340401020300001852…	0.0012	0	0.02	0	0.02	99	0	104	1
2014-09-06 19:30:00	3340401020300001852…	0.001	0	0.02	0	0.02	99	0	103	1
2014-09-06 19:15:00	3340401020300001852…	0.001	0	0.02	0	0.02	100	0	103	1
2014-09-06 19:00:00	3340401020300001852…	0.001	0	0.02	0	0.02	103	0	104	1
2014-09-06 18:45:00	3340401020300001852…	0.001	0	0.02	0	0.02	103	0	104	1
2014-09-06 18:30:00	3340401020300001852…	0.0011	0	0.02	0	0.02	103	0	103	1
2014-09-06 18:15:00	3340401020300001852…	0.0011	0	0.02	0	0.02	103	0	103	1
2014-09-06 18:00:00	3340401020300001852…	0.0011	0	0.02	0	0.02	103	0	103	1

查询结果：【符号 "" 一 含义为参见左列】										
日期	局号（终端/表计）	瞬时有功	瞬时无功	A相电流（A）	←B相	←C相	A相电压(V)	←B相	←C相	总功率因数
0114-09-07 01:30:00	3340401020300001852…	0.001	0	0.03	0	0.02	93	0	104	1
0114-09-07 01:15:00	3340401020300001852…	0.0009	0	0.02	0	0.02	92	0	104	1
2014-09-07 01:00:00	3340401020300001852…	0.0009	0	0.02	0	0.02	91	0	104	1
2014-09-07 00:45:00	3340401020300001852…	0.0009	0	0.01	0	0.01	91	0	104	1
2014-09-07 00:30:00	3340401020300001852…	0.0009	0	0.02	0	0.02	91	0	103	1
2014-09-07 00:15:00	3340401020300001852…	0.0009	0	0.02	0	0.02	93	0	104	1
2014-09-07 00:00:00	3340401020300001852…	0.0009	0	0.02	0	0.02	91	0	104	1
2014-09-07 23:45:00	3340401020300001852…	0.0009	0	0.02	0	0.02	92	0	104	1
2014-09-07 23:30:00	3340401020300001852…	0.0009	0	0.02	0	0.02	93	0	103	1
2014-09-07 23:15:00	3340401020300001852…	0.0009	0	0.02	0	0.02	92	0	103	1

查询结果：【符号 "" 一 含义为参见左列】										
日期	局号（终端/表计）	瞬时有功	瞬时无功	A相电流（A）	←B相	←C相	A相电压(V)	←B相	←C相	总功率因数
2014-09-07 19:30:00	3340401020300001852…	0.0008	0	0.02	0	0.02	87	0	104	1
2014-09-07 19:15:00	3340401020300001852…	0.0008	0	0.02	0	0.02	88	0	104	1
2014-09-07 19:00:00	3340401020300001852…	0.0008	0	0.02	0	0.02	91	0	104	1
2014-09-07 18:45:00	3340401020300001852…	0.001	0	0.02	0	0.01	91	0	104	1
2014-09-07 18:30:00	3340401020300001852…	0.0011	0	0.02	0	0.02	90	0	103	1
2014-09-07 18:15:00	3340401020300001852…	0.0011	0	0.02	0	0.02	90	0	104	1
2014-09-07 18:00:00	3340401020300001852…	0.0009	0	0.02	0	0.02	90	0	104	1
2014-09-07 17:45:00	3340401020300001852…	0.001	0	0.02	0	0.02	89	0	104	1
2014-09-07 17:30:00	3340401020300001852…	0.001	0	0.02	0	0.02	89	0	103	1
2014-09-07 17:15:00	3340401020300001852…	0.0009	0	0.02	0	0.02	89	0	103	1
2014-09-07 17:00:00	3340401020300001852…	0.0009	0	0.02	0	0.02	89	0	103	1

图 2-32　负荷数据分析

若召测电压不平衡或观察后未出现恢复时间，根据近期负荷数据找寻不平衡规律，发起营销专项检查流程进行现场检查。检查发现高压熔丝故障，更换熔丝后，电压恢复正常，异常恢复，见图 2-33。

查询结果：【符号 "" 一 含义为参见左列】										
日期	局号（终端/表计）	瞬时有功	瞬时无功	A相电流（A）	←B相	←C相	A相电压(V)	←B相	←C相	总功率因数
2014-09-17 10:30:00	3340401020300001852…	0.002	0	0.02	0	0.02	103	0	103	1
2014-09-17 10:15:00	3340401020300001852…	0.0028	0	0.02	0	0.02	103	0	103	1
2014-09-17 10:00:00	3340401020300001852…	0.001	0	0.02	0	0.02	102	0	102	1
2014-09-17 09:45:00	3340401020300001852…	0.0011	0	0.02	0	0.01	102	0	102	1
2014-09-17 09:30:00	3340401020300001852…	0.0011	0	0.02	0	0.02	102	0	102	1
2014-09-17 09:15:00	3340401020300001852…	0.0011	0	0.02	0	0.02	102	0	102	1
2014-09-17 09:00:00	3340401020300001852…	0.0008	0	0.02	0	0.02	25	0	102	1
2014-09-17 08:45:00	3340401020300001852…	0.0008	0	0.02	0	0.02	25	0	102	1
2014-09-17 08:30:00	3340401020300001852…	0.0008	0	0.02	0	0.02	24	0	102	1
2014-09-17 08:15:00	3340401020300001852…	0.0009	0	0.02	0	0.02	25	0	102	1
2014-09-17 08:00:00	3340401020300001852…	0.0009	0	0.02	0	0.02	25	0	103	1

图 2-33　负荷数据分析

【典型案例二】　电压回路接触不良。

如某高供低计专用变压器用户 2015 年 1 月 7 日产生电压不平衡告警，

主站显示 A 相电压为 182V，B、C 相电压均为 220V。

观察异常发生点附近的三相电压情况，从 1 月 6 日 00：00～7 日 00：00，A、B、C 三相电压值均为 220V 左右，三相电压平衡，见表 2-1。

表 2-1

日期	A 相	B 相	C 相
2015-1-6　00：00	220	221	222
2015-1-6　06：00	220	220	221
2015-1-6　12：00	220	221	220
2015-1-6　18：00	220	220	222
2015-1-7　00：00	220	221	220

从 1 月 7 日 07：00 开始，A 相电压显示从 220V 骤变为 180V，到 1 月 8 日 09：00，A 相电压值一直在 175～190V 波动，B、C 相电压维持 220V 不变，电压不平衡成立。过程数据见表 2-2。

表 2-2

日期	A 相	B 相	C 相
2015-1-7　06：00	220	221	222
…	…	…	…
2015-1-7　19：00	182	220	221
2015-1-7　20：00	182	220	220
…	…	…	…
2015-1-8　05：00	180	220	220
2015-1-8　06：00	175	221	222
2015-1-8　07：00	182	220	221
2015-1-8　08：00	221	221	220

召测各相电压值，判断是否平衡，若平衡，则往往是系统误报。

若召测电压不平衡，则进行现场排查处理。1 月 8 日 07：30 现场检查发现接线盒下端 A 相电压接线柱的连接螺栓松动，处理后，08：00 A 相电压采集数据恢复正常。

任务五　电 流 失 流

>> **【任务描述】** 本任务主要介绍用电信息采集系统中发生电流失流的计量异常时的分析、处理措施。

>> **【异常定义】**

三相电流中任一相或两相小于启动电流，且其他相电流大于 5％额定（基本）电流。

>> **【异常原因】**

（1）用户负荷不平衡。

（2）计量回路电流短路。

（3）电流互感器故障。

（4）接线错误。

（5）接触不良。

（6）电能表故障。

>> **【处理流程】**

电流失流异常处理流程见图 2-34。

>> **【处理步骤】**

1. 一般处理步骤

（1）发现异常，查看用户档案，远程分析向导，用户负荷数据。

（2）召测用户电能表三相电流是否正常，若正常则召测终端参数是否正确，若正确则观测异常是否恢复，如果是偶发突变数据，观测 2 天，若恢复可直接误报归档。若终端参数不正确，可通过重新下发测量点参数、测量点任务、远程重启终端、升级等方式处理。

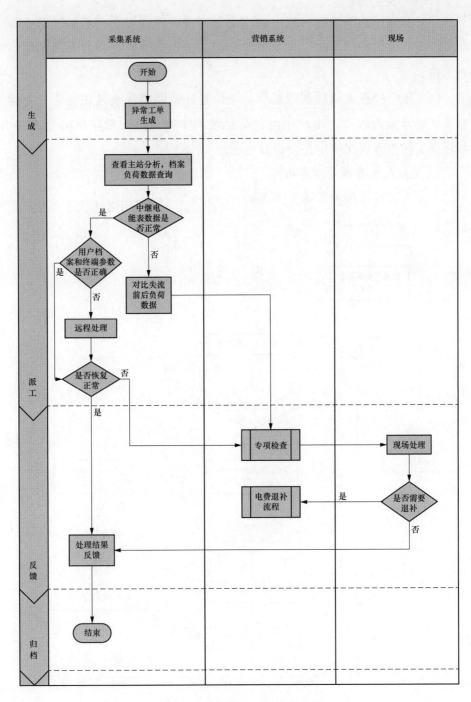

图 2-34 电流失流异常处理流程

（3）召测用户电能表三相电流结果不正常，则查看负荷数据，对比异常发生前后电流数据，确定异常发生时间，通知用电检查开展专项用电检查工作。

（4）用电检查人员达到现场后，应检查计量回路接线是否正常、电能表及互感器是否故障、用户用电负荷是否不平衡、有无存在窃电行为等，并根据实际检查情况确定是否退补电量。

2. 主站人员异常处理步骤

主站人员异常处理步骤见图 2-35。

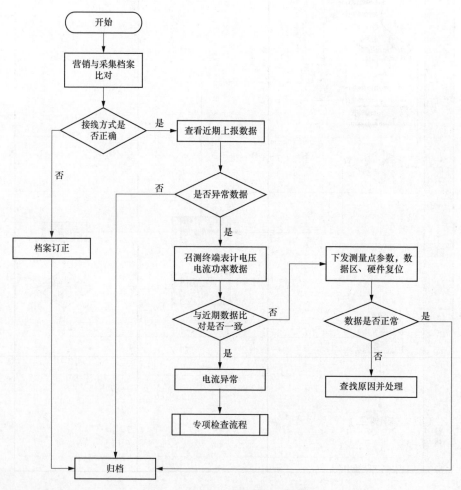

图 2-35　主站人员异常处理步骤

3. 典型案例

【典型案例一】 用户档案错误，误将三相三线电能表 B 相判定为电流失流。

发现异常后，查询档案情况，经查询发现采集系统该电能表为三相四线表，但是负荷数据 ABC 三相电压均为 100V，见图 2-36。

日期 ↓	局号(终端/总计)	瞬时有功(kW)	无功(kvar)	A相电流(A)	←B相	←C相	A相电压(V)	←B相	←C相	总功率因数
2015-05-19 21:30:00	BNM███(表计)	0.1084	0.02	0.73	0	0.65	103	103	103	.98
2015-05-19 21:15:00	BNM███(表计)	0.1238	0.02	0.84	0	0.8	102	102	102	.99
2015-05-19 21:00:00	BNM███(表计)	0.1271	0.02	0.78	0	0.71	103	103	103	.99
2015-05-19 20:45:00	BNM███(表计)	0.1263	0.02	0.8	0	0.77	103	103	103	.99
2015-05-19 20:30:00	BNM███(表计)	0.1124	0.01	0.71	0	0.69	102	102	102	1
2015-05-19 20:15:00	BNM███(表计)	0.1351	0.02	0.85	0	0.85	102	102	102	.99
2015-05-19 20:00:00	BNM███(表计)	0.1239	0.02	0.79	0	0.71	102	102	102	.99
2015-05-19 19:45:00	BNM███(表计)	0.1268	0.01	0.79	0	0.75	102	103	103	1
2015-05-19 19:30:00	BNM███(表计)	0.1558	0.02	0.93	0	0.96	102	102	102	.99
2015-05-19 19:15:00	BNM███(表计)	0.1845	0	1.14	0	1.19	102	102	102	1
2015-05-19 19:00:00	BNM███(表计)	0.1909	0.01	1.16	0	1.13	102	102	102	1
2015-05-19 18:45:00	BNM███(表计)	0.1906	0	1.13	0	1.1	102	102	102	1
2015-05-19 18:30:00	BNM███(表计)	0.2	0	1.24	0	1.23	102	102	102	1
2015-05-19 18:15:00	BNM███(表计)	0.1803	0	1.07	0	1.08	102	102	102	1
2015-05-19 18:00:00	BNM███(表计)	0.1915	0	1.21	0	1.17	102	102	102	1
2015-05-19 17:45:00	BNM███(表计)	0.1905	0	1.12	0	1.18	102	102	102	1

图 2-36 负荷数据分析

将该电能表档案与营销系统对比，发现与营销档案不一致（见图 2-37）。档案同步后，重新下发测量点并重启终端，重投任务后，异常恢复。

表计档案:					
表计局号:	BNM████	表计状态:	运行	接线方式:	三相四线
TA:	15	TV:	100	自身倍率:	1
规约:	DL/T 645-1997	通信地址:	00000████	计量方式:	高供高计
表计厂家:	████	电表类别:	多功能表	电表类型:	电子式-多功能单方向多功能电能表(工业高供高计用)正向无功:X1+X4;反向无功:X4
额定电流:	1.5(6)A	额定电压:	3×100V		
数据差异(营销)	接线方式：三相三线				

图 2-37 电表档案与营销系统对比

【典型案例二】 三相三线电能表失流，TA 故障。

发现异常后，查询档案情况，经查询发现采集系统该电能表为三相三线电能表，且负荷数据 C 相电流突然由正常下降为 0，见图 2-38。发起专项检查流程，经现场查勘，为 TA 故障引起 C 相失流，更换 TA 后异常恢复。

局号(终端/表计)	瞬时有功(kW)	一无功(kvar)	A相电流(A)	一B相	一C相	A相电压(V)	一B相	一C相	总功率因数	正向有功总
33405010573000925642...	0.065	0.09	1.098	0	0	102.4	0	102.6	.59	646.94
33405010573000925642...	0.053	0.07	0.892	0	0	102.2	0	102.3	.6	646.93
33405010573000925642...	0.0415	0.06	0.7	0	0	102.5	0	102.6	.57	646.92
33405010573000925642...	0.0329	0.07	0.806	0	0	102.3	0	102.5	.43	646.91
33405010573000925642...	0.0475	0.06	0.721	0	0	102.4	0	102.6	.62	646.9
33405010573000925642...	0.0455	0.06	0.67	0	0	102.4	0	102.6	.6	646.89
33405010573000925642...	0.0662	0.11	1.415	0	0	102.3	0	102.5	.52	646.88
33405010573000925642...	0.034	0.09	0.882	0	0	102.2	0	102.3	.35	646.87
33405010573000925642...	0.1069	0.1	0.803	0	0.76	102.3	0	102.5	.73	646.85
33405010573000925642...	0.1343	0.1	1.149	0	1.104	102.3	0	102.5	.8	646.82
33405010573000925642...	0.1882	0.09	1.212	0	1.134	102.1	0	102.3	.9	646.78
33405010573000925642...	0.118	0.03	0.786	0	0.757	102	0	102.3	.97	646.75
33405010573000925642...	0.1029	0.04	0.725	0	0.658	102.2	0	102.3	.93	646.72
33405010573000925642...	0.1605	0.11	1.057	0	0.917	102.4	0	102.6	.82	646.69
33405010573000925642...	0.1214	0.07	0.951	0	0.882	102.1	0	102.1	.87	646.66
33405010573000925642	0.1213	0.07	0.889	0	0.831	102.4	0	102.4	.87	646.63

图 2-38　负荷数据分析

【典型案例三】　三相四线电能表电流一直为 0，用电不平衡。

发现异常后，经查询档案后发现该电能表为三相四线电能表，A 相电流为 0，见图 2-39。经现场核查确定为路灯变压器用户，A 相无出线用电。该用户应添加用户标签。

户号 54▉▉▉▉▉		户名 ▉▉▉路灯变		数据来源	表计
开始日期 2015-01-21		结束日期 2015-01-26		○一次侧	◉二次侧

查询结果:【符号"一"含义为参见左列】

局号(终端/表计)	瞬时有功(kW)	一无功(kvar)	A相电流(A)	一B相	一C相	A相电压(V)	一B相	一C相	总
BNM▉▉▉(表计)	0.1553	0.03	0	0.38	0.28	258	239	243	.5
BNM▉▉▉(表计)	0.1548	0.03	0	0.38	0.28	258	238	242	.5
BNM▉▉▉(表计)	0.1541	0.03	0	0.38	0.28	258	238	242	.5
BNM▉▉▉(表计)	0.1531	0.03	0	0.38	0.28	257	237	242	.5
BNM▉▉▉(表计)	0.1554	0.03	0	0.39	0.28	257	237	241	.5
BNM▉▉▉(表计)	0.1547	0.03	0	0.38	0.28	256	239	241	.5
BNM▉▉▉(表计)	0.1557	0.03	0	0.39	0.28	257	237	241	.5
BNM▉▉▉(表计)	0.1555	0.03	0	0.39	0.28	256	237	241	.5
BNM▉▉▉(表计)	0.1568	0.03	0	0.39	0.28	257	238	242	.5
BNM▉▉▉(表计)	0.1576	0.03	0	0.39	0.28	257	239	243	.5
BNM▉▉▉(表计)	0.1585	0.03	0	0.39	0.28	257	239	244	.5
BNM▉▉▉(表计)	0.1581	0.03	0	0.39	0.28	257	239	243	.5
BNM▉▉▉(表计)	0.1577	0.03	0	0.39	0.28	257	239	243	.5
BNM▉▉▉(表计)	0.1575	0.03	0	0.39	0.28	257	239	243	.5
BNM▉▉▉(表计)	0.1569	0.03	0	0.39	0.28	257	238	243	.5

图 2-39　负荷数据分析

【典型案例四】　三相四线用户电流一直为 0，安装接线错误。

发现异常后，查询异常前后负荷情况，发现该三相四线用户的电流负荷一直为 0，见图 2-40。发起专项检查流程，现场检查发现联合接线盒 A

相短路连接片未打开，造成短路。

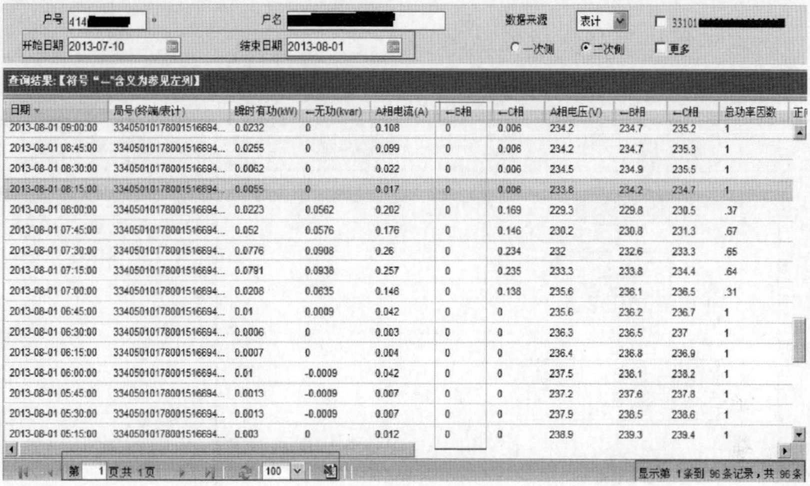

图 2-40 负荷数据分析

任务六 电流不平衡

》【任务描述】 本任务主要介绍用电信息采集系统中发生电流不平衡的计量异常时的分析、处理措施。

》【异常定义】

三相三线电能表各相电流均正常（非失流）的情况下，最大电流与最小电流差值超过一定比例。

》【异常原因】

（1）电流互感器故障。

（2）接线错误。

（3）接触不良。

（4）电能表故障。

（5）无功装置故障。

（6）计量回路电流短路。

》【处理流程】

电流不平衡异常处理流程见图 2-41。

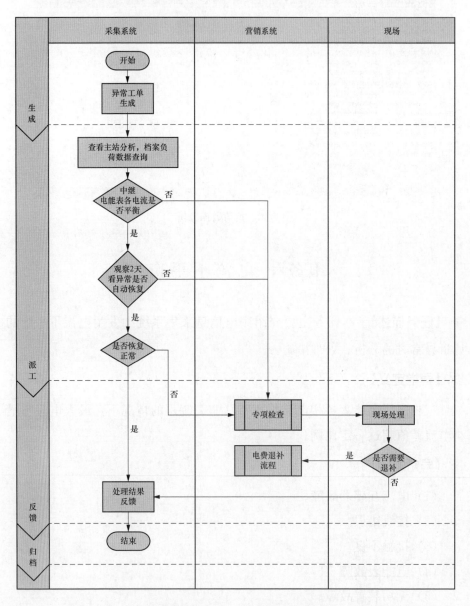

图 2-41　电流不平衡异常处理流程

>> **【处理步骤】**

1. 一般处理步骤

（1）发现异常，查看用户档案、远程分析向导、用户负荷数据。

（2）召测电能表实时三相电流，确认是否平衡，如果是偶发突变，数据观测 2 天，若恢复可直接误报归档。

（3）召测电能表实时电流，若不平衡，则根据负荷数据判断异常情况，发起专项用电检查流程。

（4）用电检查人员达到现场后，应检查计量回路接线是否正常、电能表及互感器是否故障、用户用电负荷是否不平衡、无功补偿装置是否正常、有无存在窃电行为等，并根据实际检查情况处理异常，确定是否退补电量。

2. 主站人员异常处理步骤

主站人员异常处理步骤见图 2-42。

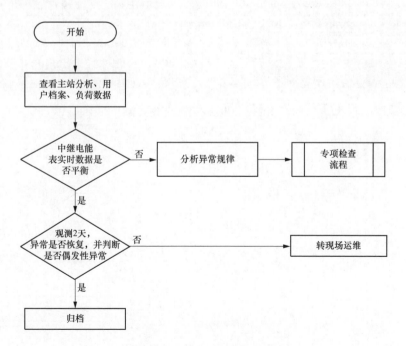

图 2-42　主站人员异常处理步骤

3. 典型案例

【典型案例】　该专用变压器用户采集系统从 6 月 9 日开始产生电流不平衡异常，A 相电流偶尔为负，功率因数较低，见图 2-43。对该用户现场核查发现计量二次接线正确，电容器多只损坏，告知电工进行调换修理。

档案查询　抄表数据查询　电量数据查询　负荷数据查询　负荷特性查询　电压合格率数据　计量异常　终端事件　工单查询

户号 [_____] *　　户名 [_____]　　数据来源 表计 [▼]
开始日期 2017-06-08　　结束日期 2017-06-29　　查询方式 ●一次侧 ○二次侧

查询结果

A相存在负电流

日期	号编号(详单/统计)	瞬时有功(kW)	一无功(kvar)	A相电流(A)	一B相	一C相	A相电压(V)	一B相	一C相	总功率因数	正向有功总(k..	一象限无功(kvarh)	四象限无功
2017-06-09 22:30:00	3340401017800153883793(统计)	41.28	35.46	2.184	0	3.438	10310	0	10310	0.76	5490.03	2576.43	38.78
2017-06-09 22:15:00	3340401017800153883793(统计)	467.76	195.9	28.89	0	28.458	10260	0	10290	0.92	5489.91	2576.37	38.78
2017-06-09 22:00:00	3340401017800153883793(统计)	340.26	231	21.45	0	21.45	10300	0	10320	0.9	5489.74	2576.29	38.78
2017-06-09 21:45:00	3340401017800153883793(统计)	171	231	15.78	0	17.826	10360	0	10380	0.59	5489.62	2576.21	38.78
2017-06-09 21:30:00	3340401017800153883793(统计)	32.22	34.02	-2.292	0	3.294	10420	0	10450	0.69	5489.58	2576.13	38.78
2017-06-09 21:15:00	3340401017800153883793(统计)	26.52	36.72	-2.04	0	2.862	10400	0	10410	0.59	5489.57	2576.11	38.78
2017-06-09 21:00:00	3340401017800153883793(统计)	40.2	41.7	2.322	0	3.714	10400	0	10390	0.69	5489.55	2576.1	38.78
2017-06-09 20:45:00	3340401017800153883793(统计)	18.84	43.56	-2.148	0	3.27	10380	0	10390	0.4	5489.53	2576.07	38.78
2017-06-09 20:30:00	3340401017800153883793(统计)	45.06	46.98	3.948	0	3.642	10350	0	10380	0.69	5489.52	2576.05	38.78
2017-06-09 20:15:00	3340401017800153883793(统计)	47.46	48.96	4.02	0	4.422	10330	0	10340	0.7	5489.5	2576.03	38.78
2017-06-09 20:00:00	3340401017800153883793(统计)	44.04	49.28	3.924	0	3.942	10320	0	10350	0.67	5489.48	2576.01	38.78
2017-06-09 19:45:00	3340401017800153883793(统计)	54.24	47.28	3.702	0	4.686	10290	0	10320	0.75	5489.46	2575.99	38.78
2017-06-09 19:30:00	3340401017800153883793(统计)	23.22	47.4	-2.388	0	3.564	10410	0	10440	0.69	5489.43	2575.96	38.78
2017-06-09 19:15:00	3340401017800153883793(统计)	48.72	47.7	2.844	0	4.614	10410	0	10440	0.71	5489.43	2575.96	38.78
2017-06-09 19:00:00	3340401017800153883793(统计)	30.24	44.46	-2.502	0	3.768	10420	0	10440	0.56	5489.42	2575.94	38.78
2017-06-09 18:45:00	3340401017800153883793(统计)	38.16	44.22	2.292	0	3.792	10370	0	10380	0.65	5489.4	2575.92	38.78
2017-06-09 18:30:00	3340401017800153883793(统计)	44.76	49.68	3.798	0	4.212	10380	0	10410	0.67	5489.39	2575.9	38.78
2017-06-09 18:15:00	3340401017800153883793(统计)	63.48	52.5	4.584	0	4.752	10400	0	10410	0.77	5489.37	2575.88	38.78
2017-06-09 18:00:00	3340401017800153883793(统计)	51.48	46.32	3.81	0	4.47	10330	0	10340	0.74	5489.34	2575.86	38.78
2017-06-09 17:45:00	3340401017800153883793(统计)	58.5	53.58	4.284	0	4.572	10310	0	10330	0.74	5489.32	2575.84	38.78
2017-06-09 17:30:00	3340401017800153883793(统计)	65.16	54.66	4.572	0	5.046	10270	0	10300	0.77	5489.29	2575.82	38.78
2017-06-09 17:15:00	3340401017800153883793(统计)	71.58	52.02	4.722	0	5.49	10290	0	10320	0.81	5489.26	2575.8	38.78
2017-06-09 17:00:00	3340401017800153883793(统计)	94.38	67.62	5.862	0	6.252	10390	0	10390	0.81	5489.23	2575.77	38.78
2017-06-09 16:45:00	3340401017800153883793(统计)	123.84	60.72	6.978	0	6.9	10360	0	10390	0.9	5489.18	2575.75	38.78

|◀ ◀　第 [7] 页　共 7 页　▶ ▶|　[300 ▼] 笔

图 2-43　电流不平衡系统告警

项目三

异常用电诊断

➤ 【项目描述】　本项目包含三类异常用电诊断处理的分析思路和处置方法。通过异常定义、异常原因、处理流程、处理步骤、典型案例等，熟悉各类异常用电的分析方法，掌握对应的异常处理措施。

➤ 【知识要点】

（1）通过电能表表盖或端钮盒盖打开记录形成电能表开盖事件，远程召测电能表电压、电流数据，对比电能表开盖事件前后数据分析，判断电能表是否存在人为窃电的情况。

（2）通过电能表外部检测磁场强度和持续时间，形成恒定磁场干扰事件，并结合现场对电能表黑屏、继电器动作造成计量失准情况，通过对事件前后数据进行分析，判断是否存在人为干扰电能表准确计量的情况。

（3）通过远程对单相表线电流和零线电流数据召测，对比分析线电流和零线电流的差异，并结合现场接线情况，判定是否存在电能表接线、电能表质量问题以及人为窃电的情况。

任务一　电能表开盖

➤ 【任务描述】　本任务主要介绍用电信息采集系统中发生电能表开盖的计量异常时的分析、处理措施。

➤ 【异常定义】

电能表表盖或端钮盒盖打开时，形成相应的事件记录。

➤ 【异常原因】

（1）人为原因开启表盖。

（2）因表盖未紧固、行程开关质量等其他问题导致误报。

≫ **【处理流程】**

电能表开盖异常处理流程见图 3-1。

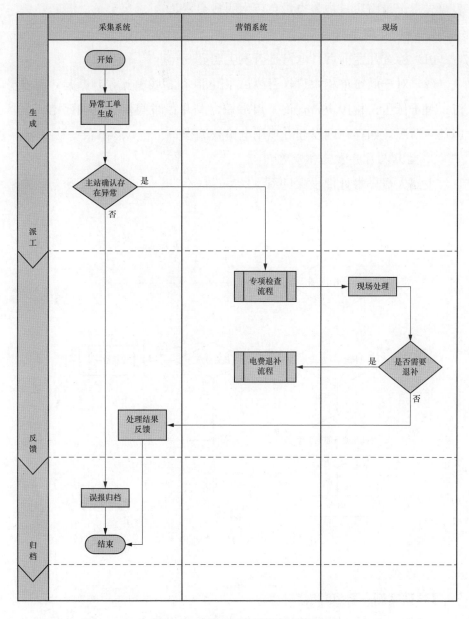

图 3-1 电能表开盖异常处理流程

>> 【处理步骤】

发生电能表开盖异常时，若为用户窃电等人为原因开启表盖，则开启表盖异常记录前后日抄表电量会产生明显突变。

1. 一般处理步骤

(1) 检查开盖前后日电量是否发生明显变化。

(2) 对于低压单相用户，召测 A 相电流和零线电流，判断是否存在分流；对于低压三相用户，查询开启端钮盒、开盖时间落在近期停电时间段内任一情况，如存在则发起专项用电检查流程。

2. 主站人员异常处理步骤

主站人员异常处理步骤见图 3-2。

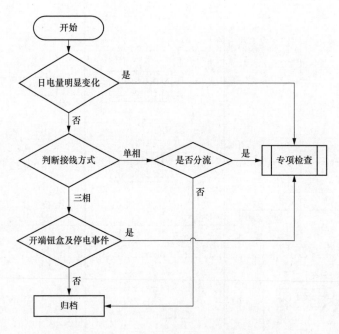

图 3-2　主站人员异常处理步骤

3. 典型案例

【典型案例一】　单相表开盖。

如图 3-3 所示，某单相居民表用户，系统报出电能表开盖。异常发生后，召测电能表 A 相电流、零线电流。比对发现零线电流明显大于 A 相电流，排除共用零线的情况，发起专项检查流程，通知用电检查人员现场处理。

数据项名称	值
当前A相电流	3.634
当前零线电流	11.041

图 3-3　召测 A 相和零线电流

【**典型案例二**】　三相电能表开盖。

某三相用户，7 月生成电能表开盖异常。召测用户近期开盖和开端钮盒记录，比对发现不存在与开表盖同天的开端钮盒事件，召测用户近期电能表掉电时间，发现近期停电时间段内存在开端钮盒记录，但查询该台区公用变压器终端停电记录发现当日为台区停电，见图 3-4 和图 3-5 根据以上条件，基本可以判断该用户属于误报，进行归档处理。

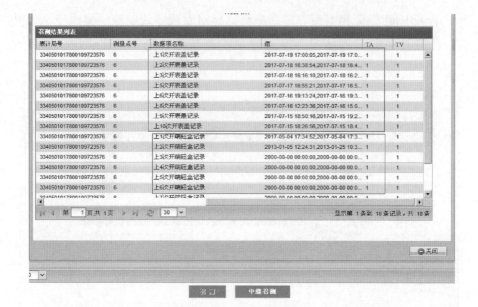

图 3-4　召测用户开端钮盒记录

表计局号	测量点号	数据项名称	值
3340501017800109752…	6	上1次掉电发生时间及结束时间	2016-06-04 11:57:00，2016-06-04 18:04:00
3340501017800109752…	6	上2次掉电发生时间及结束时间	2013-07-02 13:06:13，2013-07-02 13:42:03
3340501017800109752…	6	上3次掉电发生时间及结束时间	2013-01-05 12:28:01，2013-01-25 10:04:32
3340501017800109752…	6	上4次掉电发生时间及结束时间	2013-01-05 12:24:29，2013-01-05 12:27:31
3340501017800109752…	6	上5次掉电发生时间及结束时间	2000-00-00 00:00:00，2000-00-00 00:00:00
3340501017800109752…	6	上6次掉电发生时间及结束时间	2000-00-00 00:00:00，2000-00-00 00:00:00

图 3-5　召测用户近期掉电记录

任务二　恒定磁场干扰

【任务描述】　本任务主要介绍用电信息采集系统中发生恒定磁场干扰的计量异常时的分析、处理措施。

【异常定义】

　　三相电能表检测到外部有 100mT 以上强度的恒定磁场，且持续时间大于 5s，记录为恒定磁场干扰事件。

88

≫【异常原因】

在电能表特定位置放置强磁场源，当磁感应强度高于 100mT 时，电能表形成记录。

≫【处理流程】

恒定磁场干扰异常处理流程见图 3-6。

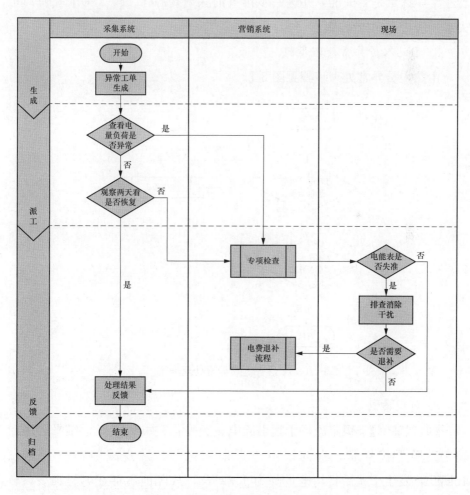

图 3-6 恒定磁场干扰异常处理流程

》 【处理步骤】

1. 一般处理步骤

恒定磁场干扰会引起电能表黑屏、计量失准、继电器误动作等情况。生成异常工单后，查看用户异常发生前后日冻结电量及负荷数据是否发生异常，如异常应发起专项检查流程，进行现场排查。如果当天没有发生异常，应持续观察 2 天，如发生异常则需进行现场排查，检查电能表是否运行正常，计量是否失准，并进一步排查消除干扰源。发现人为干扰使计量失准的应进行窃电处理。

2. 主站人员异常处理步骤

主站人员异常处理步骤见图 3-7。

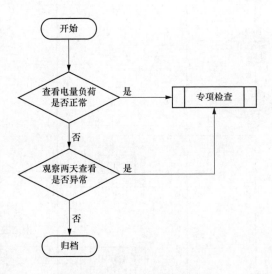

图 3-7　主站人员异常处理步骤

3. 典型案例

【典型案例】 恒定磁场干扰引起电量突变：8 月 12 日，运维平台生成恒定磁场干扰异常。查询该用户近期用电量，发现故障前日均电量 15kWh，发生干扰后日均电量降为 1.2kWh，故障前后存在电量突变，转专项检查流程，见图 3-8。

查询结果:【符号"—"含义为参见左列】

日期 ▾	局号(...	TA	TV	表计...	正向有功总电量	正向有功总...	←尖...	←峰电量	←平...	←谷电...
2017-08-20	33300...	1	1	1	10.05		0.85	4.03	0	5.18
2017-08-19	33300...	1	1	1	11.52		0.87	4.68	0	5.97
2017-08-18	33300...	1	1	1	9.18		2.62	3.98	0	2.57
2017-08-17	33300...	1	1	1	1.2		0.12	0.48	0	0.61
2017-08-16	33300...	1	1	1	1.21		0.11	0.5	0	0.61
2017-08-15	33300...	1	1	1	1.25		0.12	0.47	0	0.65
2017-08-14	33300...	1	1	1	1.23		0.12	0.47	0	0.63
2017-08-13	33300...	1	1	1	1.27		0.12	0.5	0	0.66
2017-08-12	33300...	1	1	1	10.49		0.12	3.32	0	7.06
2017-08-11	33300...	1	1	1	25.78		3.07	10.84	0	11.86
2017-08-10	33300...	1	1	1	22.74		3.37	10.34	0	9.02
2017-08-09	33300...	1	1	1	17.52		3.05	8.06	0	6.41
2017-08-08	33300...	1	1	1	9.55		0.98	3.41	0	5.17

图 3-8　用户发生恒定磁场干扰事件前后电量

任务三　单相表分流

》【任务描述】　本任务主要介绍用电信息采集系统中发生单相表分流的计量异常时的分析、处理措施。

》【异常定义】

单相表相线电流和零线电流存在差异。

》【异常原因】

（1）人为改变单相表电流回路。

（2）单相表接线不规范。

（3）单相表故障。

》【处理流程】

单相表分流异常处理流程见图 3-9。

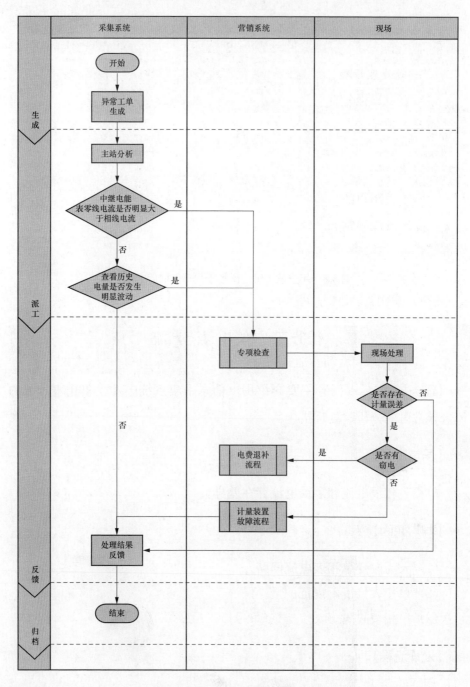

图 3-9　单相表分流异常处理流程

» 【处理步骤】

1. 一般处理步骤

（1）查看远程分析向导，召测电能表零线、相线电流，查看零线电流是否明显大于相线电流，若零线电流大与相线电流，则发起专项检查流程，否则分析近期用户历史用电量是否出现明显波动，若电量波动较为明显，则发起专项检查流程，若无异常波动，则进行反馈归档。

（2）查看用户的现场的用电情况，分析现场是否存在窃电及违约用电行为，若未发现异常，但单相表分流情况持续存在，怀疑单相表是否存在内部缺陷，发起计量装置故障流程更换电能表。

2. 典型案例

【典型案例】 相电流进线被铜丝短路分流，见图 3-10。

图 3-10 相电流进线被铜丝短路分流

在单相表主板改变锰铜分流器接线，见图 3-11。

图 3-11 在单相表主板改变锰铜分流器接线

项目四

负荷异常诊断

>> 【项目描述】　本项目包含五类负荷异常处理的分析思路和处置方法。通过异常定义、异常原因、处理流程、处理步骤、典型案例等，熟悉各类负荷异常的分析方法，掌握对应的异常处理措施。

>> 【知识要点】

（1）基于用电信息采集系统负荷数据中电压、电流的典型异常特征划分的 5 类负荷异常分别为需量超容、负荷超容、电流过流、负荷持续超下限、功率因数异常。

（2）负荷类异常产生的主要原因为用户用电性质或负荷特性，但也有可能由计量装置配置不合理、接线错误等因素引起，任何计量异常不能脱离现场实际进行判断。

（3）在主站人员初步判别处理后，如需至现场查看，则通过转用电检查等方式，由用电检查人员根据系统中负荷、电压、电流变化规律、用户负荷数据特性和现场实际情况进行针对性专项检查处理。

任务一　需　量　超　容

>> 【任务描述】　本任务主要介绍用电信息采集系统中发生需量超容的计量异常时的分析、处理措施。

>> 【异常定义】

按最大需量计算基本电费的专用变压器用户，电能表记录的最大需量超出用户需量核定值，判断该用户需量超容。

>> 【异常原因】

（1）档案错误。

（2）终端异常。

（3）终端故障。

（4）用电负荷大引起需量超容。

≫【处理流程】

需量超容异常处理流程见图 4-1。

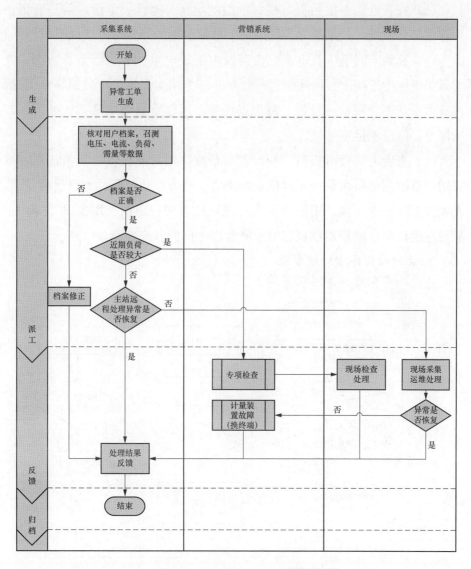

图 4-1 需量超容异常处理流程

>> 【处理步骤】

1. 一般处理步骤

（1）核对采集系统中用户档案的计量互感器变比、核定需量值与营销系统是否一致，若由档案错误引起，则同步档案后归档。

（2）查看近期上报数据，核对上报的电压、电流、负荷、需量数据是否存在异常数据，如果是因为偶发突变数据引起的异常可直接误报归档。

（3）召测实时电压、电流、负荷及电能表电量、最大需量等数据，并与采集系统中近期上报的数据进行比对。若为采集设备上报数据异常引起，可通过重新下发测量点参数、测量点任务、远程重启终端等方式处理。若未恢复，则派发运维处理。

（4）查看近期负荷数据，并与营销系统该用户的核定需量值比对，核查用户近期用电负荷是否超过核定需量值。若为近期负荷过大引起的异常，则触发专项检查流程，用电检查人员现场核查用户负荷、用电设备等，一般通过建议用户调整需量核定值或降低用电负荷方式处理。

2. 主站人员异常处理步骤

主站人员异常处理步骤见图 4-2。

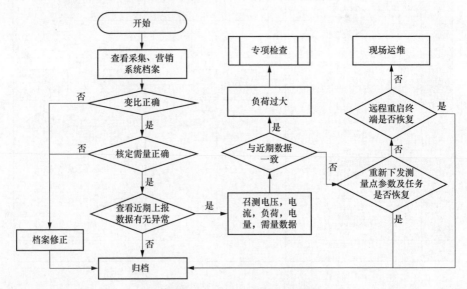

图 4-2　主站人员异常处理步骤

3. 典型案例

【典型案例】 某专用变压器用户上报需量超容异常,见图 4-3。

工单详细信息			
工单号	33P3170706898837	工单状态	待归档
户号	■■■■	户名	■■■■
终端资产编号	■■■■	终端逻辑地址	15134160
电能表资产编号	■■■■	远程处理状态	未处理
疑难处理状态		营销工单号	
生成时间	2017-07-06 02:10:14	归档时间	
异常类型	需量超容	异常等级	
电能表接线方式		受电容量(kVA)	1600
抄表方式		抄表异常分类	

图 4-3 采集系统异常工单详细信息图

点击用户查询档案,并与营销系统档案进行比对,该用户的受电容量及 TA、TV 变比正确,见图 4-4。

用户资料:					
户号:	■■■■	户名:	■■■■	台区:	■■
单位:	下沙高压	线路:	置地581线	受电容量:	1600 kVA
行业:	通信设备制造	用户地址:	■■■■	供电电压:	交流10kV
是否临时用电:	非临时用电	用电属性:	大工业用电	运行容量:	1600kVA
开户日期:	1949-10-01	用户分类:	专变	联系方式:	查重
销户日期:		抄表段:	334010101407004	是否申请白名单:	否

终端档案:				
终端逻辑地址:	■■■■	SIM卡号:	■■■■	
终端类型:	专变终端	规约类型:	国网	【未添加标签】
终端厂家:	杭州恒华科技	安装日期:		

表计档案:					
测量点号:	1	电能表资产编号:	■■■■	表计状态:	运行
电表接线方式:	三相三线	电表通信方式:	RS485通信	波特率:	2400
规约:	DL/T 645—2007	表计厂家:	杭州恒华科技有限公司	通信地址:	000007537469
电表类型:	电子式-多功能双方向智能电能表(工商业)无功:四象限独立计量	额定电流:	1.5(6)A	电表类别:	智能表
是否参考表:	否	额定电压:	3×100V	综合倍率:	2000
自身倍率:	1	TA:	20	TV:	100
投运时间:	2012-12-28				

图 4-4 采集系统用户档案信息

查询该用户营销系统需量核定值为 1150kW，见图 4-5。

图 4-5　营销系统用户需量核定值

查询该用户近期的负荷情况，平均负荷维持在 1200kW 以上，该户用户电能表上报的最大需量值为 0.7341kW，折算一次负荷为 1468kW，明显超过核定需量，见图 4-6 和图 4-7。

图 4-6　采集系统用户近期负荷

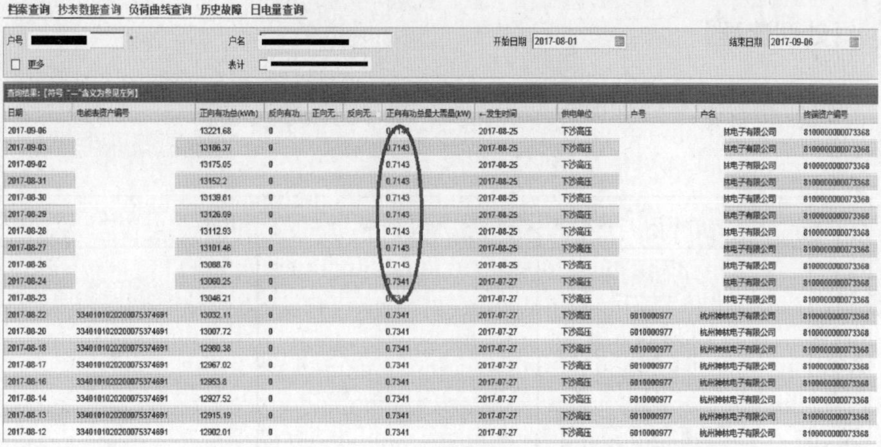

图 4-7 采集系统用户近期抄表数据

触发用电检查流程，用电检查人员现场核查用户负荷、用电设备等。建议用户调整需量核定值或降低用电负荷。

任务二 负 荷 超 容

➢ **【任务描述】** 本任务主要介绍用电信息采集系统中发生负荷超容的计量异常时的分析、处理措施。

➢ **【异常定义】**

用户负荷超出合同约定容量。

➢ **【异常原因】**

（1）档案错误。

（2）终端异常。

（3）终端故障

（4）用户负荷大引起负荷超容。

》【处理流程】

负荷超容异常处理流程见图 4-8。

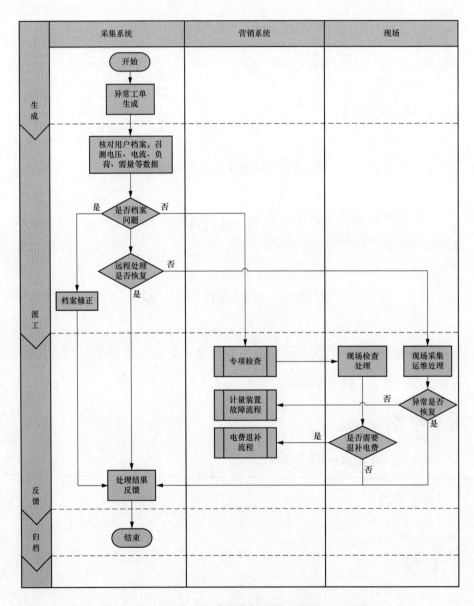

图 4-8　负荷超容异常处理流程

≫【处理步骤】

1. 一般处理步骤

（1）核对采集系统中用户档案的计量互感器变比、运行容量与营销系统是否一致，若由档案错误引起，则同步档案后归档。

（2）查看近期上报数据，核对上报的电压、电流、负荷、需量数据是否存在异常数据，如果是因为偶发突变数据引起的异常可直接误报归档。

（3）召测实时电压、电流、负荷及电能表电量、最大需量等数据，并与采集系统中近期上报的数据进行比对。若为采集设备上报数据异常引起，可通过重新下发测量点参数、测量点任务、远程重启终端等方式处理。若未恢复，则派发运维处理。

（4）查看近期负荷数据及最大需量数据，并与营销系统用户运行容量比对，核查用户近期用电负荷是否过大。如果是用户近期负荷过大引起的异常，则触发专项检查流程，用电检查人员现场核查用户负荷、用电设备等，一般通过建议用户增容或降低用电负荷方式处理。

2. 主站人员异常处理步骤

主站人员异常处理步骤见图 4-9。

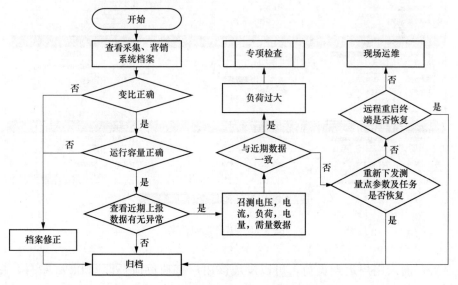

图 4-9　主站人员异常处理步骤

3. 典型案例

【典型案例】 某专用变压器用户，合同容量为 400kVA，上报负荷超容异常，见图 4-10。

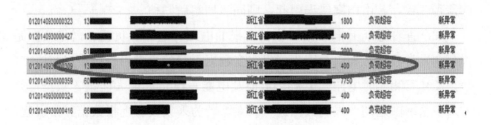

图 4-10　负荷超容异常

点击用户查询档案，并与营销系统档案进行比对，该用户的受电容量及 TA、TV 变比正确，见图 4-11。

图 4-11　用户查询档案

查询该用户近期负荷，可以发现该用户有功负荷长期 500kW 左右，超过合同容量 20% 以上，可以确定该用户长期超容，见图 4-12。

局号(终端/表计)	瞬时有功(k...	←无功(kvar)	A相电流(A)	←B相	←C相	A相电压(V)	←B相	←C相	总功率因数
3330001000100300078...	447.4	23.6	25.52	0	27.62	10260	0	10270	1
3330001000100300078...	443.2	21	25.22	0	27.28	10260	0	10270	1
3330001000100300078...	445.8	19.4	25.32	0	27.56	10250	0	10260	1
3330001000100300078...	446	21.8	25.16	0	27.7	10270	0	10280	1
3330001000100300078...	539.4	43	29.6	0	31.52	10320	0	10340	1
3330001000100300078...	533.4	43.6	29.34	0	31.6	10210	0	10220	1
3330001000100300078...	535.8	48.2	29.66	0	31.48	10230	0	10240	1
3330001000100300078...	536.8	48.8	29.46	0	31.66	10270	0	10280	1
3330001000100300078...	540.4	52.4	29.58	0	31.88	10260	0	10270	1

图 4-12　用户超容分析

　　查询该用户的抄表示值，发现电能表记录的最大需量达到 0.9299kW，折算一次有功达到 558kW，超合同容量 39.5%，见图 4-13。

局号(终端/表计)	正向有功总(kWh)	←尖	←峰	←平	←谷	...	无功电	←Ⅱ		←Ⅳ	最大需量(kW)	最大需量发生时间
33401010202000750455...	3163.13	6.1	182.49	0	2974.54		1293.41	0	0	0.95	0.9299	09-02 03:43
33401010202000750455...	3161.66	6.09	182.2	0	2973.37		1292.78	0	0	0.95	0.9299	09-02 03:43
33401010202000750455...	3155.39	6.09	181.9	0	2967.4		1290.53	0	0	0.95	0.9299	09-02 03:43
33401010202000750455...	3147.33	6.08	181.56	0	2959.69		1287.64	0	0	0.95	0.9299	09-02 03:43
33401010202000750455...	3141.18	6.07	181.17	0	2953.94		1285.38	0	0	0.95	0.9262	09-01 05:06
33401010202000750455...	3132.81	6.06	180.64	0	2946.11		1282.26	0	0	0.95	0	
33401010202000750455...	3130.79	6.05	180.4	0	2944.34		1281.42	0	0	0.95	0.9261	08-29 04:57
33401010202000750455...	3125.02	6.04	180.1	0	2938.88		1279.29	0	0	0.95	0.9261	08-29 04:57
33401010202000750455...	3117.06	6.03	179.67	0	2931.36		1276.39	0	0	0.95	0.9209	08-27 02:51
33401010202000750455...	3115.14	6.01	179.49	0	2929.64		1275.64	0	0	0.95	0.9209	08-27 02:51
33401010202000750455...	3108.61	6	179.07	0	2923.54		1273.21	0	0	0.95	0.9174	08-25 04:08

图 4-13　户最大需量分析

　　触发用电检查流程，用电检查人员现场核查用户负荷、用电设备等，建议用户增容或降低用电负荷。

任务三　电　流　过　流

　　【任务描述】　本任务主要介绍用电信息采集系统中发生电流过流的计量异常时的分析、处理措施。

◈ **【异常定义】**

经互感器接入的三相电能表某一相负荷电流持续超过额定电流。

◈ **【异常原因】**

(1) 终端异常。

(2) 终端故障。

(3) 计量互感器配置不合理。

(4) 用户负荷不平衡，某一相电流过大。

◈ **【处理流程】**

电流过流异常处理流程见图 4-14。

◈ **【处理步骤】**

1. 一般处理步骤

(1) 查看近期上报数据，召测实时电压、电流、负荷数据，并将两者进行比对，核对是否存在异常数据，若为采集设备上报数据异常引起，可通过重新下发测量点参数、测量点任务、远程重启终端等方式处理，若未恢复，则派发运维处理。

(2) 核对采集系统中用户档案的计量互感器变比和用户的运行容量，测算用户运行容量和互感器变比是否匹配，如不匹配，则触发专项检查流程，用电检查人员进行核查确认，确认互感器变比和运行容量不匹配的，发起互感器更换流程，与用户沟通协商停电时间，安排互感器更换。

(3) 查看近期电流、负荷数据，并召测实时电压、电流、负荷数据，核查用户近期某相电流是否过大。如果是用户近期某相电流过大引起的异常，则触发专项检查流程，用电检查人员现场核查用户三相电流、用电设备等，一般建议用户调整三相用电负荷。

2. 主站人员异常处理步骤

主站人员异常处理步骤见图 4-15。

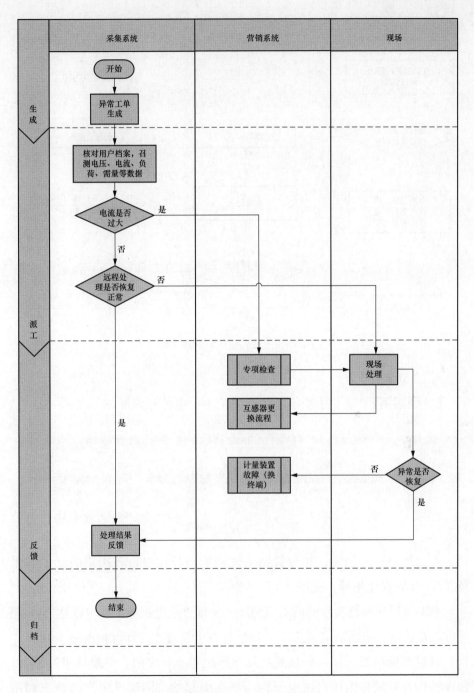

图 4-14 电流过程异常处理流程

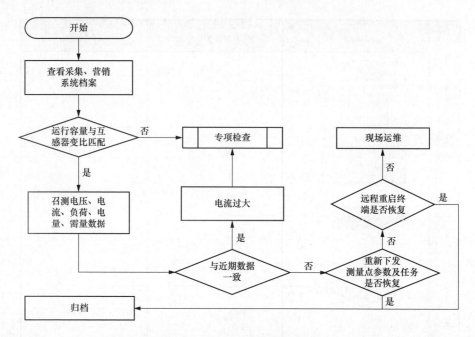

图 4-15　主站人员异常处理步骤

3. 典型案例

【典型案例】　某专用变压器用户系统上报电流过流异常，见图 4-16。

图 4-16　电流过流异常

点击用户查询档案，并与营销系统档案进行比对，该用户的受电容量及 TA、TV 变比正确，见图 4-17。

查询该用户异常发生时的电流情况，发现终端上报的二次电流达 7A，超过电流互感器二次额定电流 40%，确认存在电流过流的情况，见图 4-18。

触发专项检查流程，如判断是互感器配置不合理的，更换计量互感器；如现场检查发现是因用户用电三相不平衡引起的，则建议用户调整三相用电负荷。

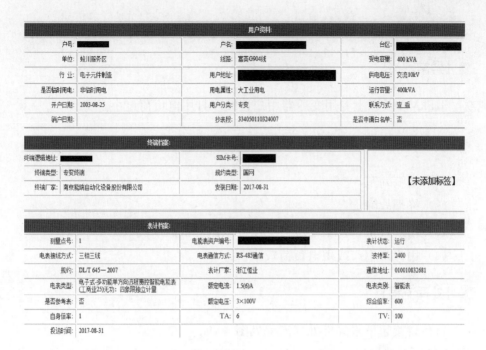

图 4-17 用户档案

图 4-18 异常电流情况

任务四 负荷持续超下限

≫ 【**任务描述**】 本任务主要介绍用电信息采集系统中发生负荷持续超下

限的计量异常时的分析、处理措施。

▶【异常定义】

315kVA 及以上专用变压器用户连续多日用电负荷过小。

▶【异常原因】

（1）终端异常。

（2）终端故障。

（3）用户容量、计量互感器变比等数据与营销系统数据不一致。

（4）用户未生产或用电负荷较小。

▶【处理流程】

负荷持续超下限异常处理流程见图 4-19。

▶【处理步骤】

1. 一般处理步骤

（1）核对采集系统中用户档案的计量互感器变比、运行容量与营销系统是否一致，如果是由于档案错误引起的，同步档案后归档。

（2）查看近期上报数据，召测实时电压、电流、负荷及电能表电量等数据，核对是否存在异常数据，若为采集设备上报数据异常引起，可通过重新下发测量点参数、测量点任务、远程重启终端等方式处理。若未恢复，则派发运维处理。

（3）核查用户近期用电负荷是否过小。如果是用户近期负荷过小引起的异常，则触发专项检查流程，用电检查人员现场核查用户生产情况、用电设备等，提出优化用电建议。

2. 主站人员异常处理步骤

主站人员异常处理步骤见图 4-20。

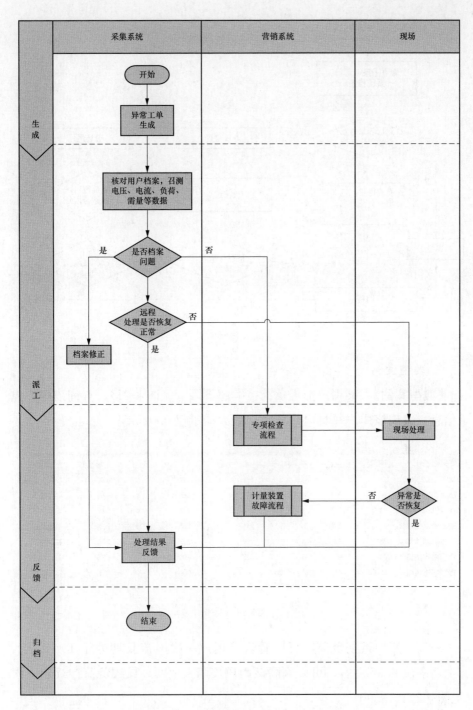

图 4-19　负荷持续超下限异常处理流程

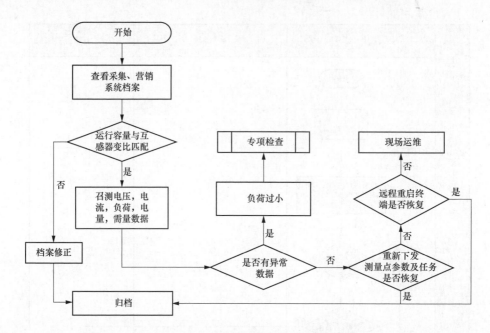

图 4-20　主站人员异常处理步骤

3. 典型案例

【典型案例】　某用户上报负荷持续超下限（见图 4-21），查询该用户电量信息，发现该用户每日电量较小，最大需量仅 0.026kW。

局号(终端表计)	正向有功总(kWh)	一尖	一峰	一平	一谷	正...	反...	无功	...	一III	一IV	最大需量(kW)	最大需量发生时
33101010593011243931...	4.81	0.45	1.47	0	2.89			0.08			0	0.026	02-22 00:09
33101010593011243931...	4.62	0.43	1.41	0	2.77			0.08			0	0.026	02-22 00:09
33101010593011243931...	4.43	0.42	1.35	0	2.64			0.07			0	0.026	02-22 00:09
33101010593011243931...	4.24	0.42	1.3	0	2.51			0.07			0	0.026	02-22 00:09
33101010593011243931...	4.03	0.4	1.24	0	2.39			0.07			0	0.026	02-22 00:09
33101010593011243931...	3.76	0.37	1.13	0	2.25			0.06			0	0.026	02-22 00:09
33101010593011243931...	3.53	0.35	1.06	0	2.1			0.06			0	0.026	02-22 00:09

图 4-21　负荷持续超下限

查询该用户近期负荷，可以看到该用户一次电流长期处于 10A 以下，有功功率仅 2kW 左右，可以判断该用户长期未生产，导致负荷持续超下限（见图 4-22）。

局号(终端/表计)	瞬时有功(kW)	←无功(kvar)	A相电流(A)	←B相	←C相	A相电压(V)	←B相	←C相	总功率因数
33101010593011243931...	1.716	0	0.6	0	6.72	237.6	238.7	236.8	1
33101010593011243931...	0.192	0	0.84	0	0	238.2	238.9	237.5	1
33101010593011243931...	3.696	0	15.48	0	0	238.6	239.8	238.2	1
33101010593011243931...	2.172	0	9	0	0	239.7	240.5	239.2	1
33101010593011243931...	1.848	0	7.68	0	0	240.2	240.8	239.7	1
33101010593011243931...	0.192	0	0.96	0	0	240.7	241.1	240.4	1
33101010593011243931...	2.088	0	8.64	0	0	241	241.4	240.8	1
33101010593011243931...	2.088	0	8.64	0	0	240.9	241.6	241	1
33101010593011243931...	2.1	0	8.64	0	0	241.1	241.9	241.1	1
33101010593011243931...	2.1	0	8.64	0	0	241.5	242	241.4	1
33101010593011243931...	2.088	0	8.64	0	0	241.2	241.7	241.1	1

图 4-22　用户近期负荷

触发专项检查流程，用电检查人员现场核查用户生产情况、用电设备等，提出优化用电建议。

任务五　功率因数异常

【任务描述】　本任务主要介绍用电信息采集系统中发生功率因数异常的计量异常时的分析、处理措施。

【异常定义】

用户日平均功率因数过低（日平均功率因数通过用户日有功、无功电量计算得到）。

【异常原因】

（1）终端异常。

（2）终端故障。

（3）用户未装设无功补偿装置或者无功补偿管理不善。

（4）计量接线错误引起电量失准，导致有、无功电量比例异常。

113

【处理流程】

功率因数异常处理流程见图 4-23。

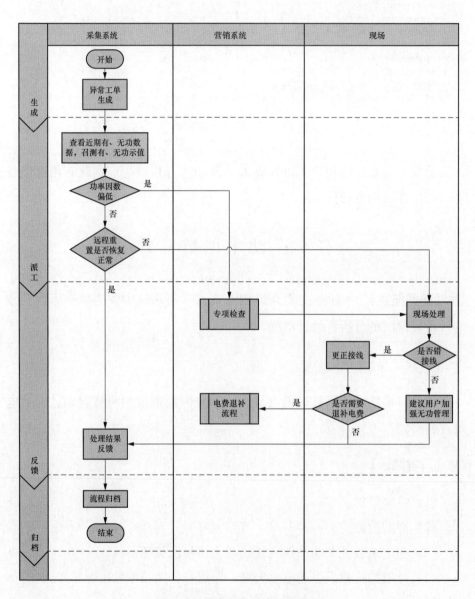

图 4-23 功率因数异常处理流程

≫【处理步骤】

1. 一般处理步骤

（1）查看近期上报有功、无功数据，召测用户实时有、无功示值，并将两者进行比对，核对是否存在异常数据，若为采集设备上报数据异常引起，可通过重新下发测量点参数、测量点任务、远程重启终端等方式处理。若未恢复，则派发运维处理。

（2）查看近期有功、无功电量，计算用户日平均功率因数，判断近期日平均功率因数是否过低。如果用户功率因数偏低，触发用电检查流程，用电检查人员现场核查用户负荷、用电设备以及计量装置接线等。

2. 主站人员异常处理步骤

主站人员异常处理步骤见图 4-24。

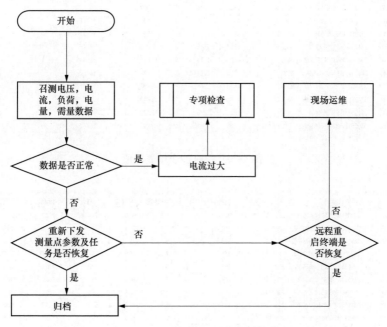

图 4-24　主站人员异常处理步骤

3. 典型案例

【典型案例】　某专用变压器用户上报功率因数异常，见图 4-25。

单用户视图 档案查询 抄表数据查询 电量数据查询 负荷数据查询 负荷特性查询 电压合格率数据 终端事件 **工单查询** 数据召测

| 户号 | * | | 户名 | 余姚市 | | | 工单类型 | 全部 | ▼ |
| 工单状态 | 全部 | ▼ | 开始时间 | 2015-03-01 | | | 结束时间 | 2015-03-31 | |

计量异常工单列表

工单号 ▲	工单状态	异常类型	异常发生原因	电能表资产号	终端逻辑地址	异常发生时间	异常恢复时间
33P3200129886310	未归档	功率因数异常		3330001000100120487	1707	2015-03-29 04:50:21	

图 4-25　功率因数异常分析

　　某用户持续上报功率因数异常，查询该用户近期抄表示值及每日电量数据，可以看到该用户近期无功总电量大于有功总电量，计算平均功率因数，可以发现平均功率因数仅为 0.5 左右，其中有 5 天小于 0.5，达到功率因素异常判断条件，见图 4-26~图 4-28。

日期	局号(终端展计)	正向有功总(kWh)	←尖	←峰	←平	←谷	…	反	无功电能Ⅰ(kvarh)	←Ⅱ	←	←Ⅳ
2015-03-21	334050105930010963 97...	3863.74	48.06	2878.08	0	937.6			1650.61			6340.8
2015-03-20	334050105930010963 97...	3859.62	48.04	2874.91	0	936.67			1647.77			6340.69
2015-03-19	334050105930010963 97...	3855.19	48.03	2871.45	0	935.71			1640.41			6340.69
2015-03-18	334050105930010963 97...	3851.18	48.02	2868.35	0	934.81			1633.78			6340.69
2015-03-17	334050105930010963 97...	3847.22	48.01	2865.35	0	933.86			1627.24			6340.69
2015-03-16	334050105930010963 97...	3843.53	48	2862.43	0	933.1			1621.26			6340.69
2015-03-15	334050105930010963 97...	3838.94	47.97	2858.82	0	932.15			1614.5			6340.69
2015-03-14	334050105930010963 97...	3835.7	47.95	2856.34	0	931.41			1608.42			6340.69
2015-03-13	334050105930010963 97...	3832.73	47.93	2854.08	0	930.72			1602.68			6340.69
2015-03-12	334050105930010963 97...	3829.5	47.92	2851.62	0	929.96			1597.17			6340.69
2015-03-11	334050105930010963 97...	3826.21	47.91	2849.12	0	929.18			1591.29			6340.69
2015-03-10	334050105930010963 97...	3822.61	47.88	2846.4	0	928.33			1584.55			6340.69
2015-03-09	334050105930010963 97...	3818.88	47.85	2843.62	0	927.41			1577.13			6340.69

图 4-26　每日抄表抄表示值

日期	局号(终端展计)	受	TA	TV	正向有功总电量	←尖电量	←峰电量		←谷电量	无功总电量	Ⅰ象限无功电量
2015-03-20	33405010593001096397 62...	200	80	1	1	329.6	1.6	253.6	0	74.4	227.2	227.2
2015-03-19	33405010593001096397 62...	200	80	1	1	354.4	0.8	276.8	0	76.8	588.8	588.8
2015-03-18	33405010593001096397 62...	200	80	1	1	320.8	0.8	248	0	72	530.4	530.4
2015-03-17	33405010593001096397 62...	200	80	1	1	316.8	0.8	240	0	76	523.2	523.2
2015-03-16	33405010593001096397 62...	200	80	1	1	295.2	0.8	233.6	0	60.8	478.4	478.4
2015-03-15	33405010593001096397 62...	200	80	1	1	367.2	2.4	288.8	0	76	540.8	540.8
2015-03-14	33405010593001096397 62...	200	80	1	1	259.2	1.6	198.4	0	59.2	486.4	486.4
2015-03-13	33405010593001096397 62...	200	80	1	1	237.6	1.6	180.8	0	55.2	459.2	459.2
2015-03-12	33405010593001096397 62...	200	80	1	1	258.4	0.8	196.8	0	60.8	440.8	440.8
2015-03-11	33405010593001096397 62...	200	80	1	1	263.2	0.8	200	0	62.4	470.4	470.4
2015-03-10	33405010593001096397 62...	200	80	1	1	288	2.4	217.6	0	68	539.2	539.2
2015-03-09	33405010593001096397 62...	200	80	1	1	298.4	2.4	222.4	0	73.6	593.6	593.6

图 4-27　每日电量数据

日期	受电容量(kVA)	TA	TV	正向有功总电量	尖电量	峰电量	谷电量	无功总电量	平均功率因素
2015-03-20	200	80	1	329.6	1.6	253.6	74.4	227.2	0.823
2015-03-19	200	80	1	354.4	0.8	276.8	76.8	588.8	0.516
2015-03-18	200	80	1	320.8	0.8	248	72	530.4	0.518
2015-03-17	200	80	1	316.8	0.8	240	76	523.2	0.518
2015-03-16	200	80	1	295.2	0.8	233.6	60.8	478.4	0.525
2015-03-15	200	80	1	367.2	2.4	288.8	76	540.8	0.562
2015-03-14	200	80	1	259.2	1.6	198.4	59.2	486.4	0.470
2015-03-13	200	80	1	237.6	1.6	180.8	55.2	459.2	0.460
2015-03-12	200	80	1	258.4	0.8	196.8	60.8	440.8	0.506
2015-03-11	200	80	1	263.2	0.8	200	62.4	470.4	0.488
2015-03-10	200	80	1	288	2.4	217.6	68	539.2	0.471
2015-03-09	200	80	1	298.4	2.4	222.4	73.6	593.6	0.449

图 4-28　每日平均功率因素

查询该用户负荷数据（见图 4-29），可以发现该用户在日常生产时，系统采集的功率因数为 0.4～0.6，初步判断该用户未配备无功补偿装置或未投入使用。

查询结果：【符号""一"含义为参见左列】								
日期	局号（终端/表计）	瞬时有功	瞬时无功	A相电流（A）	一B相	一C相	A相电压(V)	一B相	一C相	总功率因数
2015-03-20 10:30:00	334050105930010982--	34.112	60.8	142.4	133.6	99.2	232	238	234	0.49
2015-03-20 10:15:00	334050105930010982--	41.06	54.4	106.4	88	94.4	233	237	235	0.6
2015-03-20 10:00:00	334050105930010982--	27.152	55.2	94.4	76.8	83.2	232	238	234	0.44
2015-03-20 09:45:00	334050105930010982--	24.264	49.6	88	71.2	76.8	232	237	235	0.44
2015-03-20 09:30:00	334040102030001852--	43.472	55.2	104.8	90.4	95.2	233	237	235	0.62
2015-03-20 09:15:00	334040102030001852--	30.48	54.4	99.2	84	88.8	228	232	235	0.49
2015-03-20 09:00:00	334040102030001852--	28.392	56	98.4	82.4	87.2	228	232	230	0.45
2015-03-20 08:45:00	334040102030001852--	30.824	64	94.4	80.8	85.6	228	232	230	0.43
2015-03-20 08:30:00	334040102030001852--	28.752	52.8	101.6	86.4	90.4	227	232	230	0.46
2015-03-20 08:15:00	334040102030001852--	50.064	54.4	106	97.6	104	227	230	229	0.68
2015-03-20 08:00:00	334040102030001852--	26.328	57.6	95.2	80.8	85.6	228	231	229	0.42

图 4-29　功率因数

触发用电检查流程，用电检查人员现场核查用户负荷、用电设备以及计量装置接线等。如因用户未装无功补偿装置或无功补偿管理不善引起，则建议用户加强无功补偿管理；如发现现场计量装置接线错误，则更正接线，并做好退补工作。

项目五

时钟异常诊断

▶**【项目描述】**　本项目描述时钟异常处理的分析思路和处置方法。通过异常定义、异常原因、处理流程、处理步骤、典型案例等，熟悉时钟异常的分析方法，掌握对应的异常处理措施。

▶**【知识要点】**

（1）时钟误差在180s以上的电能表，将会生成电能表时钟异常，电能表时钟异常优先采用用电信息采集系统远程对时方式处理，如远程对时失败，需进行现场对时或换表处理。

（2）用电信息采集系统中远程对时方式主要有单表对时、广播对时、加密对时三种，时钟误差在300s以上的电能表应使用加密对时方式，时钟误差在300s以内的电能表可按照单表对时、广播对时、加密对时顺序进行。

（3）用电信息采集系统已集成一键远程对时功能，远程对时优先采用一键对时方式，该功能将根据电能表时钟误差情况，自动调用相应的策略进行对时。

任务一　电能表时钟异常

▶**【任务描述】**　本任务主要介绍用电信息采集系统中发生电能表时钟异常的计量异常时的分析、处理措施。

▶**【异常定义】**

电能表时钟与标准时钟误差超过阈值。

▶**【异常原因】**

（1）电能表电路设计不合理或者时钟电池质量不过关，时钟电池欠电压，停复电后造成电能表时钟异常。

（2）智能表时钟芯片、晶振故障或日计时误差累积导致时钟异常。

（3）通信信道延时过长导致对时结果偏差。

（4）抄表掌机时钟错误，抄表后引起电能表时钟异常。

（5）部分采集设备开启电能表自动对时功能，终端时间偏差造成批量电能表时间偏差。

（6）特殊运行工况影响计时准确性。

≫【处理流程】

电能表时钟异常处理流程见图 5-1。

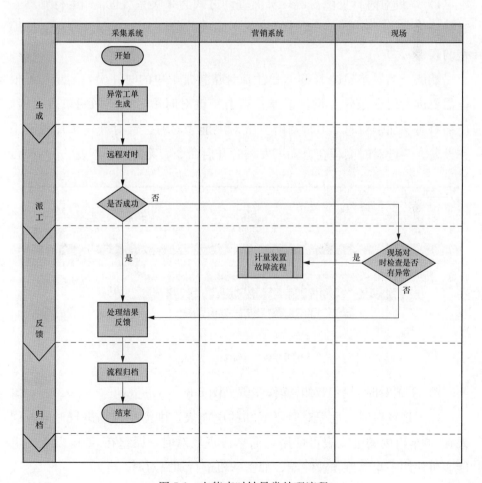

图 5-1　电能表时钟异常处理流程

>> 【处理步骤】

1. 一般处理步骤

时钟异常电能表，首先进行一键对时操作，若一键对时不成功，则进行手工对时，包括远程广播对时、单表对时、加密对时以及分段对时，若手工对时失败，则需进行现场掌机对时；若掌机对时也不成功，更换电能表。除加密对时外，其他方式对时电能表每天只能对时成功一次。

（1）远程对时。

1）一键对时（见图5-2），页面查询方式为采集系统3.0—运行管理—时钟管理—新时钟管理—表计时钟状态明细（选择单位节点内存在时钟误差的表计）。

默认查询误差超过150s且已生成计量异常工单的时钟误差记录，可根据需要进行组合条件查询。选择并点击一键对时后，系统采用单表对时、广播对时、加密对时等多种对时方式对电能表对时。针对鼎信芯片载波采集设备，一键对时流程会自动下发校时开启命令，无需手工下发。

图5-2　一键对时界面

2）手工对时。手工对时操作步骤见图5-3。

（2）现场对时。远程对时不成功的电能表，则需到现场进行对时，误差在300s以内的电能表可使用普通掌机现场对时，误差在300s以上的电能表可使用采集运维作业终端、加密掌机进行加密对时。

（3）更换电能表。远程对时及现场对时均失败、多次时钟异常或同时

存在其他故障的电能表，在计量异常工单处理界面发起计量装置故障流程
换表。

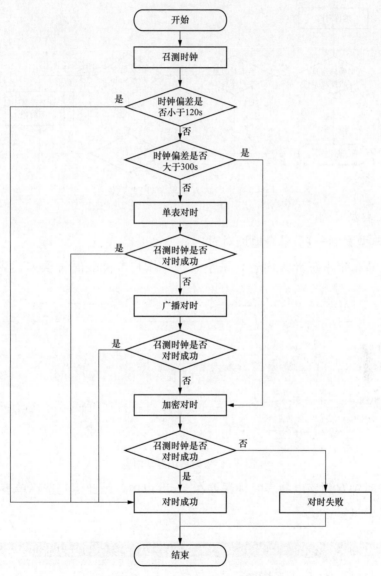

图 5-3　手工对时操作步骤

2. 主站人员异常处理步骤

主站人员异常处理步骤见图 5-4。

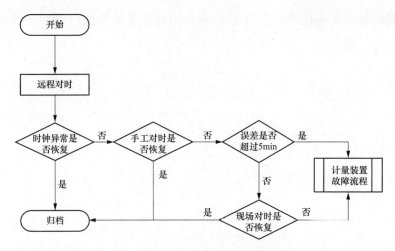

图 5-4　主站人员异常处理步骤

3. 典型案例

【典型案例一】　单表地址对时。

查看采集系统异常内容，采集系统某用户电能表时钟误差达到 181s，见图 5-5。

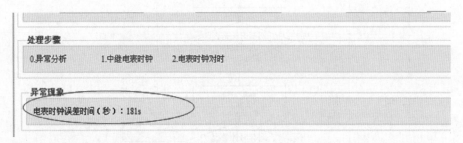

图 5-5　采集系统异常内容

经时钟召测该电能表时钟误差在 5min 以内，因此优先选择单表地址对时方式，见图 5-6。

表计通信地址	系统时间	表计时间
000006812044	2015-02-06 09:13:25	2015-02-06 09:16:23

图 5-6　时钟召测

由于该电能表接入的是鼎信芯片的载波采集设备，因此在电能表对时前必须进行"校时开启"操作，见图5-7。

校时开启

校时开启功能后再进行电能表对时，校时开启与对时命令下发时间应间隔1min左右，见图5-8。

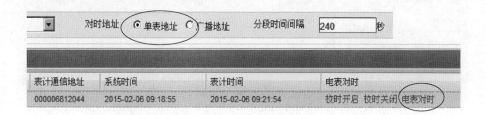

图5-8 电能表对时

单表地址对时后，召测电能表时钟已经恢复正常，见图5-9。

密钥类型	全部			对时地址	⊙ 单表地址 ○ 广播地址
	表计通信地址	系统时间		表计时间	
	000000812044	2015-02-06 09:20:44		2015-02-06 09:20:51	

图5-9 单表地址对时

对时完成后发下"校时关闭"命令。

【典型案例二】 加密对时。

查看采集系统异常内容，电能表时钟误差达到4924822s，见图5-10、图5-11。

125

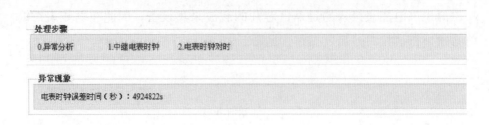

图 5-10　电能表时钟误差

图 5-11　电能表时钟异常

查看该电能表时钟电池状态，处于欠压状态，见图 5-12。

电表类别	电表类型	表计规约	表计通信地址	电表时钟电池是否欠压
...智能表	电子式-复费率...	DL/T645_2007	000	欠压

图 5-12　电能表时钟电池状态

召测该电能表停电事件，发现在异常生成日前发生过电能表停电，可能是由于电表停电后时钟电池欠压导致电能表时钟突变，见图 5-13。

图 5-13　召测电能表停电事件

由于该用户电能表为智能表且时钟误差远超 5min，优先使用远程加密对时方式处理，加密对时成功，见图 5-14。

图 5-14 远程加密对时

加密对时成功后，再次召测电能表时钟已恢复正常，见图 5-15。

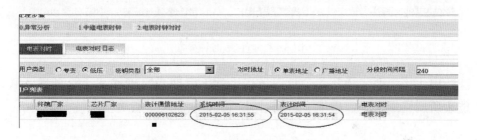

图 5-15 电能表时钟恢复正常

【典型案例三】 走时不准导致新装电表时钟异常频发。

查看采集系统异常分析内容，电能表时钟误差达到 182s，见图 5-16。

图 5-16 电能表时钟误差

查询该电能表档案，安装日期为 2015 年 1 月 9 日，见图 5-17。

电表类别:	智能表	电表类型:	电子式-复费率远程费控智能电能表(居民用)
装出日期:	2015-01-09	拆回日期:	
额定电压:	220V	额定电流:	5(60)A

图 5-17　电能表档案

查询该用户历史数据，该用户分别在 2 月 14 日及 3 月 13 日两次出现过电能表时钟异常，但都远程成对时成功，见图 5-18。

异常类型 ▲	异常状态	异常发生时间	异常处理时间
F01D/(主站)电能表时钟异常	已归档(正常归档)	2015-03-13 11:55:09	2015-03-13 00:00:00
F01D/(主站)电能表时钟异常	已归档(正常归档)	2015-02-14 14:05:36	2015-02-14 00:00:00

图 5-18　电能表时钟异常

由于该电能表新装 3 个月内多次出现了电能表时钟异常，经召测该电能表所属终端未开启电能表自动对时，可对电能表进行更换。

项目六

接线异常诊断

≫【项目描述】　本项目包含三类接线异常处理的分析思路和处置方法。通过异常定义、异常原因、处理流程、处理步骤、典型案例等，熟悉各类接线异常的分析方法，掌握对应的异常处理措施。

≫【知识要点】

（1）电能表反向有功总示值大于 0，且有增量，生成反向电量异常。排除用户负荷特性、系统档案问题，需进行现场检查接线、更换设备等处理。

（2）三相电流或功率出现反向生成潮流反向异常。排除用户负荷特性、系统档案问题、终端误报等问题，需进行现场检查处理。

（3）安装因素或者人为窃电行为，造成一、二次计量装接错误或者设备损坏，造成计量准确性的差错的生成其他错接线异常。排除系统档案错误问题，需进行现场检查是否存在人为破坏设备、破坏接线等现象。

任务一　反向电量异常

≫【任务描述】　本任务主要介绍用电信息采集系统中发生反向电量异常的计量异常时的分析、处理措施。

≫【异常定义】

非发电用户电能表反向有功总示值大于 0，且每日反向有功总示值有一定增量。

≫【异常原因】

（1）计量回路接线错误。

（2）电能表故障。由于电能表程序缺陷、存储器错乱等原因导致电能表反向有功总示值突变。

（3）用户负荷特性。部分用户用电设备使用过程中会出现向电网倒送电的情况，导致用户电能表反向有功示值走字，如电焊机、蓄电池放电、打桩机等。

（4）发电用户采集系统未同步到营销系统用户发电属性或发电用户户号未关联用户户号。

（5）载波采集信号干扰导致电能表反向有功总示值走字。

【处理流程】

反向电量异常处理流程见图 6-1。

【处理步骤】

1. 一般处理步骤

（1）查询用户营销系统档案，如该用户为发电用户，同步采集档案。

（2）对于非发电用户采集系统投入反向电量采集任务，作为异常分析及后期电量退补的参考依据。

（3）主站召测相关数据：正向电量为 0 时疑似接线错误；正向电量与反向电量同时存在，对于单相用户，反向电量较少怀疑电能表质量问题；反向电量较大时检查当日正向电量与反向电量是否同时增加，若仅反向电量增加，怀疑用户窃电或接线错误，若同时增加，进行现场检查确认；对于三相用户，召测分相正反向电量、电流，判断是否电能表电流回路一相或多相反接，出现反向电量或电流负值的现场重点检查该相接线正确性。高压用户查看负荷数据如反向电流出现时间集中在负荷较小时，还应考虑无功补偿问题。

（4）主站分析后对需现场核查的异常，发起专项检查流程。

2. 典型案例

【典型案例一】　单相表接线错误导致异常。

采集系统异常分析反向电量 13.21，见图 6-2。

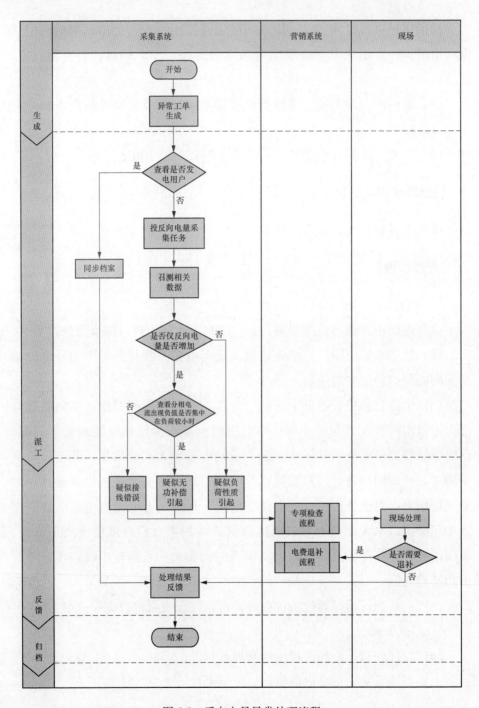

图 6-1　反向电量异常处理流程

0.异常分析

异常现象

异常发生日：2015-01-20

反向电量：13.21

图 6-2　反向电量

经查询营销系统用户档案，该用户为非发电用户。

对该电能表投入反向电量采集任务。

该用户为单相表用户，召测当前反向有功总电能示值为 6125.73（见图 6-3），同时正向电量为 0，怀疑电能表接线错误。

表计档案：			
表计状态：	运行	接线方式：	单相
TV：	1	自身倍率：	1
通信地址：	000013280398	计量方式：	低供低计
电表类别：	智能表	电表类型：	电子式-复费率远程费控智能电能表(居民用)

表计局号	测量点号	数据项名称	值
3340801082400132803983	2	当前反向有功总电能	6125.73

图 6-3　表计档案

经现场检查该用户电能表为进出线反接。更正接线并退补电量。

【典型案例二】　三相表某相接线错误导致异常。

采集系统异常分析反向电量 24.31，见图 6-4。

经查询营销系统用户档案该用户为非发电用户。

召测当前反向有功总电能示值为 7892.15（见图 6-5），与采集异常分析比较反向有功总电能示值有增量。

133

0_异常分析

异常现象

异常发生日：2015-01-20

反向电量：24.31

图 6-4　异常分析反向电量

表计局号	测量点号	数据项名称	值
334080108280015▓	4	当前反向有功总电能	7892.15

参数详细

图 6-5　反向有功总电能

由于该电能表接线方式是三相四线，召测该电能表当前分相正反向电量、总有功功率及分相有功功率，发现 C 相正向电量为 0，反向电量为 9763.02，有功功率为负值，现场检查时重点检查 C 相接线正确性，见图 6-6。

表计档案：			
表计状态：	运行	接线方式：	三相四线
TV：	1	自身倍率：	1
通信地址：	000015110992	计量方式：	低供低计

表计局号	测量点号	数据项名称	值
334080108280015▓	4	当前总有功功率	-0.9261
334080108280015▓	4	当前A相有功功率	0.0661
334080108280015▓	4	当前B相有功功率	0.0000
334080108280015▓	4	当前C相有功功率	-0.9950

图 6-6　表计档案

经现场检查发现该用户现场电能表 C 相进出线反接。

【典型案例三】　计量装置接线错误导致异常。

采集系统异常分析反向电量 3.6，见图 6-7。

查询用户负荷数据发现该用户三相电流及瞬时有功功率值均为负值，需进行现场检查，见图 6-8。经现场检查该用户三相电流二次测回路反接。

图 6-7 反向电量异常

日期 ▾	局号/终端(表计)	瞬时有功(kW)	无功(kvar)	A相电流(A)	B相	C相	A相电压(V)	B相	C相	总功率因数	正向有功总(...
2017-12-24 20:30:00	334030105730008921903?(表计)	-1.9342	-1.2759	-3.54	-3.485	-3.568	227	226.5	227.5		23.69
2017-12-24 20:15:00	334030105730008921903?(表计)	-1.7257	-1.3277	-3.32	-3.282	-3.342	226.3	225.6	226.5		23.69
2017-12-24 20:00:00	334030105730008921903?(表计)	-1.7593	-1.3739	-3.356	-3.303	-3.393	226.1	225.7	226.4		23.69
2017-12-24 19:45:00	334030105730008921903?(表计)	-1.6752	-1.3798	-3.352	-3.313	-3.371	225.9	225.2	226.2		23.69
2017-12-24 19:30:00	334030105730008921903?(表计)	-1.6281	-1.3892	-3.307	-3.236	-3.317	226	225.3	226.3		23.68
2017-12-24 19:15:00	334030105730008921903?(表计)	-1.8423	-1.304	-3.371	-3.298	-3.423	226.9	226.9	227.4		23.67
2017-12-24 19:00:00	334030105730008921903?(表计)	-1.8555	-1.3492	-3.464	-3.424	-3.495	226.3	225.6	226.5		23.67
2017-12-24 18:45:00	334030105730008921903?(表计)	-1.8063	-1.3612	-3.531	-3.499	-3.587	225.4	224.7	225.5		23.67
2017-12-24 18:30:00	334030105730008921903?(表计)	-1.7602	-1.3357	-3.505	-3.467	-3.56	226	225.6	226.2		23.67
2017-12-24 18:15:00	334030105730008921903?(表计)	-1.7858	-1.3856	-3.399	-3.421	-3.456	226.6	225.5	226.9		23.67
2017-12-24 18:00:00	334030105730008921903?(表计)	-1.7764	-1.3396	-3.384	-3.312	-3.412	226.7	226.5	227		23.67
2017-12-24 17:45:00	334030105730008921903?(表计)	-1.7612	-1.3733	-3.469	-3.433	-3.513	225.8	225.2	226		23.67
2017-12-24 17:30:00	334030105730008921903?(表计)	-1.9162	-1.2735	-3.496	-3.466	-3.541	227.1	226.5	227.3		23.67
2017-12-24 17:15:00	334030105730008921903?(表计)	-1.9294	-1.2783	-3.559	-3.554	-3.646	226.5	226.5	226.7		23.67
2017-12-24 17:00:00	334030105730008921903?(表计)	-1.9604	-1.1719	-3.474	-3.388	-3.494	228.2	227.4	228.7		23.66
2017-12-24 16:45:00	334030105730008921903?(表计)	-2.0517	-1.1307	-3.5	-3.472	-3.553	228.5	228	228.9		23.66

图 6-8 负荷数据查询

任务二 潮 流 反 向

≫ 【任务描述】 本任务主要介绍用电信息采集系统中发生潮流反向的计量异常时的分析、处理措施。

≫ 【异常定义】

三相电流或功率出现反向。

≫ 【异常原因】

（1）档案差错。

（2）特殊用电情况。

（3）电能表故障。

（4）终端数据误报。

≫【处理流程】

潮流反向异常处理流程见图 6-9。

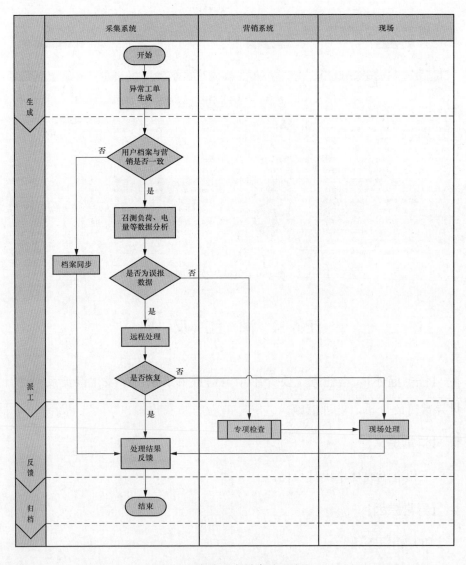

图 6-9　潮流反向异常处理流程

≫**【处理步骤】**

1. 一般处理步骤

（1）查询采集系统档案用户用电性质，确认与营销系统档案是否一致，如不一致，做档案同步，同步成功，等待异常恢复后归档；同步不成功，提交问题管理处理。

（2）如档案无问题，核查终端上报数据，报文任务，如采集设备存在数据异常，进行主站远程处理，处理失败通知运维现场处理。

（3）查看负荷数据，利用 PQUI 计算方法计算 S_1/S_2 的比值。

三相三线计算方法：$\sqrt{3}$ 倍电压、电流平均值的乘积算出功率（S_1）与其视在功率（S_2）比值，公式如下

$$S_1 = \sqrt{3}U_L I_L$$
$$S_2 = \sqrt{P^2 + Q^2}$$

式中：U_L 为线电压平均值；I_L 为线电流平均值；P 为瞬时有功功率；Q 为瞬时无功功率。

三相四线计算方法：三相电压与对应其对应三相电流的乘积（S_1）和与其视在功率（S_2）比值，公式如下

$$S_1 = U_a I_a + U_b I_b + U_c I_c$$
$$S_2 = \sqrt{P^2 + Q^2}$$

式中：U 为相电压；I 为相电流；P 为瞬时有功功率；Q 为瞬时无功功率。

若 S_1/S_2 的比值相对稳定，并未出现超出 0.8~1.2 的负荷点，则进一步召测用户实时负荷数据（建议三次及以上），召测分相瞬时有功数据块，进一步综合分析、验证。若三相四线符合 $P = P_a + P_b + P_c$；三相三线符合 $P = P_1 + P_2$，则基本可判断用户未存在错接线或计量装置故障，做误报处理。

召测正反向分相有功电量，观察反向电流大小、反向分相电量有无增加、发生时间是否晚上、反向有功电量是否稳定增加、第一象限无功和第四象限无功是否变化发起专项检查流程。

1）反向电流长期存在，负荷较小时也存在，召测分相有功功率为负，

137

第四象限无功变化有增加，可判断为存在无功装置过补偿。可建议用电检查人员现场处理，督促用户及时投入或切除无功补偿装置，调整后等待异常恢复做归档处理。

2）反向电流频繁出现，某相功率频繁出现负值，产生大小相等、方向相反的分相电流，疑似是该潮流反向为特殊用电引起，现场确认后添加用户标签。

3）反向电流长期存在，且在负荷上升时加剧，召测总有功功率为负且逐渐增加，现场核查用户错接线和人工窃电。

2. 主站人员异常处理操作步骤

主站人员异常处理操作步骤见图 6-10。

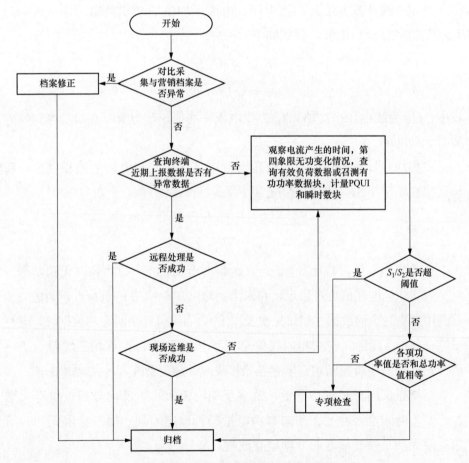

图 6-10　主站人员异常处理操作步骤

3. 典型案例

【**典型案例一**】 用户档案差错导致异常。

某光伏用户因档案未同步，导致上报异常（见图 6-11）。

单位	户号	户名	营销工单号	历史发生次数	用电地址	受电容量(kVA)	异常类型
湖州局直属						1000	潮流反向

图 6-11 运维闭环系统内异常信息

用户为光伏发电有限公司，但查询用户用电信息采集系统档案时，发现用户既非电厂用户也非分布式电源用户（见图 6-12）。

图 6-12 采集系统内用户档案

营销系统内查询客户档案为发电用户，确定为用户档案出错，采集系统与营销系统内不同步造成（见图 6-13）。

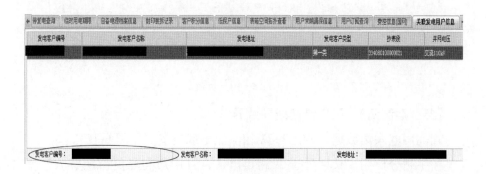

图 6-13 营销系统档案

【典型案例二】 特殊用电导致异常。

用户为汽车零件加工有限公司，使用电焊机，产生大小相等、方向相反的两个电流，四象限无功正常（见图6-14）。

(终端底计)	瞬时有	←无	A相电	←B相	←C相	A相电压(V)	←B相	←C相	总功率因数	正向有功总(	一象限无功(kva	四象限无功
0001000100066094718(表计)	1.101	0.687	-0.66	5.22	0.66	239.2	238.9	239.5	0.85	1340.56	1363.54	8.96
0001000100066094718(表计)	27.624	23.742	50.55	53.97	51.12	234.8	234.4	234.7	0.76	1340.45	1363.39	8.96
0001000100066094718(表计)	27.747	23.226	50.73	52.68	50.7	235	234.9	234.8	0.77	1340.34	1363.23	8.96
0001000100066094718(表计)	4.371	5.955	9.42	12.21	9.36	237.9	237.8	238	0.59	1340.21	1363.07	8.96
0001000100066094718(表计)	1.125	1.272	0.24	6.81	0.24	238.8	238.3	239	0.66	1340.12	1362.95	8.96
0001000100066094718(表计)	1.113	0.723	-0.24	5.28	0.24	239.2	238.8	239.5	0.84	1340.01	1362.82	8.96
0001000100066094718(表计)	0.771	0.18	-0.24	3.18	0.24	239.9	239.8	240	0.97	1339.92	1362.71	8.96

图 6-14 用户负荷

【典型案例三】 用户无功补偿过补偿导致异常

用户产生异常期间，四象限无功增加，瞬时无功倒送。用户无功补偿装置过补偿（见图6-15）。

计)	瞬时有功(kW)	←无功(kvar)	A相电流(A)	←B相	←C相	A相电压(V)	←B相	←C相	总功	正向有功总(	一象限无	四象限无
00100108065706(表计)	0					235.3	234.3	234.4		1017.94	543.52	146.28
00100108065706(表计)	0.0076	0.0117	0.02	0.019	0.019	234.9	233.8	233.8	0.54	1017.94	543.52	146.28
00100108065706(表计)	0.0091	0.0607	-0.17	0	0.17	234.4	233.7	233.7	0.15	1017.96	543.53	146.28
00100108065706(表计)	0.0216	-0.027	-0.112	0.123	0.129	233.4	232.6	232.4	1	1017.98	543.55	146.29
00100108065706(表计)	0.029	0.066	0.087	0.146	0.128	234.1	233.1	233	0.4	1017.99	543.56	146.29
00100108065706(表计)	0.0288	0.0685	0.173	0.019	0.172	234.9	234	233.7	0.39	1017.99	543.57	146.29
00100108065706(表计)	0.0198	-0.0474	-0.083	0.148	0.13	235	234.2	234	1	1018.01	543.58	146.3
00100108065706(表计)	0.0179	0.0665	-0.165	0.019	0.172	234.5	233.7	233.5	0.26	1018	543.58	146.29
00100108065706(表计)	0.0118	-0.0582	-0.092	0.163	0.128	234.3	234	234.3	1	1018.01	543.59	146.3
00100108065706(表计)	0.0079	0.0572	-0.102	0.164	0.131	236.2	235.1	235.1	0.14	1018.02	543.6	146.3
00100108065706(表计)	0.0724	-0.0354	0.216	0.127	0.303	237.8	237	236.6	1	1018.03	543.61	146.3
00100108065706(表计)	0.0132	0.0589	-0.161	0	0.162	236.3	235.4	234.4	1	1018.02	543.61	146.3
00100108065706(表计)	0.0989	-0.059	0.147	0.296	0.353	240.4	240.5	240	1	1018.05	543.62	146.32

图 6-15 用户负荷

【典型案例四】 用户错接线导致异常。

查询用电采集数据，该用户A相电流出现负值（见图6-16）。

经主站分析用户长期处于A相负电流，且用户高峰负荷期 S_1/S_2 超出0.8～1.2范围，疑似错接线（见图6-17）。

	瞬时有功(kW)	←无功(kvar)	A相电流(A)	←B相	←C相	A相电压(V)	←B相	←C相	总功...	正向有...	一象限无...	四象限无
07888313(表计)	4.496	0.28	-16.24	13.36	21.28	238.4	238.4	239	1	84.94	36.5	0.75
07888313(表计)	5.96	3.808	-28	22.16	34.24	237.7	237.7	238.2	0.84	84.92	36.49	0.75
07888313(表计)	3.872	-2.912	-23.44	17.6	24.88	237.5	237.5	238.4	1	84.9	36.48	0.75
07888313(表计)	8.648	3.496	-41.44	41.84	41.6	238.6	238.4	239.1	0.93	84.88	36.47	0.75
07888313(表计)	8.88	4.344	-22.56	22.8	22.8	238.2	237.9	238.6	0.9	84.84	36.47	0.75
07888313(表计)	7.544	-0.656	-21.2	23.04	21.2	239.5	239.2	239.9	1	84.84	36.46	0.75
07888313(表计)	4.704	-1.224	-18.4	19.2	18.24	242.4	242.4	243	1	84.82	36.45	0.75
07888313(表计)	13.408	8.984	-70	69.68	73.08	241.2	241.3	241.8	0.83	84.82	36.45	0.75
07888313(表计)	15.232	3.872	-74.56	74.56	73.84	240.3	240	240.5	0.97	84.77	36.43	0.75
07888313(表计)	14.896	8.176	-68.08	67.84	70.24	238.5	238.2	239	0.88	84.72	36.41	0.75
07888313(表计)	12.2	3.176	-61.68	60.32	61.52	237.3	236.9	237.7	0.97	84.67	36.39	0.75
07888313(表计)	14.528	3.504	-74.24	73.92	74.96	236.6	236.3	236.7	0.97	84.62	36.38	0.75
07888313(表计)	14.232	7.52	-80.08	80.08	59.04	236.4	236.2	236.7	0.88	84.58	36.36	0.75
07888313(表计)	13.872	2.688	-66.88	66.72	65.76	236.7	236.7	237.3	0.86	84.48	36.33	0.75
07888313(表计)	13.752	7.392	-73.76	74.96	73.4	236	236.1	237	0.88	84.44	36.31	0.75
07888313(表计)	19.168	8.16	-86.72	93.36	86.32	236.2	236	236.7	0.92	84.4	36.3	0.75
07888313(表计)	16.512	7.288	-74.8	82.96	75.12	236.1	235.9	236.7	0.91	84.35	36.28	0.75
07888313(表计)	14.84	3.688	-75.04	75.04	69.12	236.1	236.1	236.9	0.97	84.3	36.26	0.75
07888313(表计)	16.664	7.544	-78.24	82.72	78.48	236.5	236.3	236.9	0.95	84.25	36.25	0.75
07888313(表计)	18.32	8.344	-88.32	92.88	88.4	235.9	235.6	236.3	0.91	84.2	36.23	0.75
07888313(表计)	15.608	2.896	-68.16	73.12	68.32	236.8	236.8	237.5	0.98	84.15	36.22	0.75
07888313(表计)	14.2	7.24	-65.44	70.24	66.16	236.2	236	236.9	0.89	84.1	36.2	0.75
07888313(表计)	17.584	3.056	-75.6	82	76.08	235.5	235.6	236.3	0.99	84.05	36.18	0.75

图 6-16　用户负荷

日期	瞬时有功	←无功	A相电流	←B相	←C相	A相电	←B相	←C相	S₁/S₂
2017-03-27　23:45:00	1.688	-0.024	-0.48	0.8	9.76	238	238	238	1.420936954
2017-03-27　23:15:00	1.688	-0.032	-0.48	0.8	9.76	用户低负荷时，S1/S2超出0.8-1.2范围		3	1.42020928
2017-03-27　23:00:00	1.688	-0.032	-0.48	0.8	9.84			3	1.433287499
2017-03-27　22:45:00	1.56	0.56	-9.28	2.16	14.6			3	1.080090871
2017-03-27　22:15:00	1.56	0.568	-9.12	2.16	14.7	238	238	238	1.111339237
2017-03-27　22:00:00	1.552	0.576	-9.2	2.16	14.7	239	239	239	1.109022697
2017-03-27　21:45:00	1.56	0.592	-9.12	2.16	14.7	239	239	239	1.115055805
2017-03-27　21:30:00	1.52	0.808	-9.2	2.16	15	239	239	238	1.101095199
2017-03-27　21:15:00	1.688	-0.04	-0.56	0.8	9.84	239	238	238	1.422392165
2017-03-27　21:00:00	1.68	-0.056	-0.56	0.72	10	236	235	236	1.423847289
2017-03-27　20:45:00	5.776	3.072	-23.1	23.4	29	235	235	236	1.0507661
2017-03-27　20:30:00	4.376	1.48	-26.6	20	27	237	237	237	1.042521589
2017-03-27　20:15:00	4.136	2.24	-24.6	19.3	25.8	237	237	236	1.036101121
2017-03-27　20:00:00	5.752	-0.736	-32.6	27.4	38	237	237	237	1.343988131
2017-03-27　19:45:00	2.376	0.576	-9.04	5.36	14.7	240	240	241	1.086099757
2017-03-27　19:30:00	5.96	-0.728	-20.3	18.9	35.2	240	240	240	0.950316728
2017-03-27　19:15:00	4.984	3.92	-27.6	22.4	33.7	239	239	239	1.074775858
2017-03-27　19:00:00	5.376	3.08	-27.4	21.8	33.5	239	239	239	1.210865198
2017-03-27　18:45:00	4.496	0.28	-16.2	13.4	21.3	238	238	239	0.976606171
2017-03-27　18:30:00	5.96	3.808	-28	22.2	34.2	238	238	238	0.956896522
2017-03-27　18:15:00	3.872	-2.912	-23.4	17.6	24.9	用户高峰负荷时，S1/S2 都在0.8-1.2范围外，不能排除错接线可能			1.075656941
2017-03-27　18:00:00	8.648	3.496	-41.4	41.8	41.				0.565980869
2017-03-27　17:45:00	8.88	4.344	-22.6	22.8	23.				
2017-03-27　17:30:00	7.544	-0.656	-21.2	23	21.2	240	239	240	0.728910044
2017-03-27　17:15:00	4.704	-1.224	-18.4	19.2	18.2	242	242	243	0.951776486
2017-03-27　17:00:00	13.408	8.984	-70	69.7	72.1	241	241	242	1.075536379
2017-03-27　16:45:00	15.232	3.872	-74.6	74.6	73.8	240	240	241	1.128510145
2017-03-27　16:30:00	14.896	8.176	-68.1	67.8	70.2	239	238	239	0.983373371
2017-03-27　16:15:00	12.2	3.176	-61.7	60.3	61.5	237	237	238	1.132456054
2017-03-27　16:00:00	14.528	3.504	-74.2	73.9	75	237	236	237	1.18020975
2017-03-27　15:45:00	14.232	7.52	-73.6	73	71.8	236	236	237	1.04727371
2017-03-27　15:30:00	13.872	2.688	-60.1	60.1	59	236	236	237	0.989840269

图 6-17　用户负荷 S_1/S_2 比值情况分析

　　用电检查现场检查，用户侧计量封印完整，未发现窃电现象。开箱后发现，导致 A 相电流出现负值的原因是：该用户表计 A 相电流极性接反，导致电量少计（见图 6-18）。

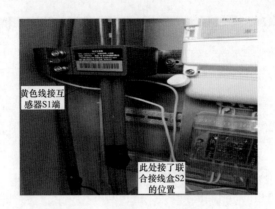

图 6-18　用户现场表计接线图

【典型案例五】　电能表反向微电量引起异常

某供电单位发现有部分电能表在正常投运后（指接线正常）产生计量微量的反向电量，后续对 5 块电能表运行情况进行跟踪。1 月 13 日～4 月 5 日，5 块电能表反向电量变化见表 6-1。

表 6-1　　　　　　　　　　　　反 向 电 量 变 化

表计局号	000926	000926	000926	000927	000927
1 月 13 日电量	0.03	0.12	0.21	0.6	1.33
4 月 5 日电量	0.03	0.35	0.3	0.6	1.48
变化量	0	0.23	0.09	0	0.15

在近 3 个月的观察中，电量变化最大 0.23kWh，最小为 0。

经与省计量中心、电能表生产厂家沟通及实验室测试，问题电能表在电压为 220V、功率因数为 1 的条件下，加正向电流大小约为 12mA 以下时显示功率方向为反向，加正向电流大小约为 15mA 以上时功率方向为正向。

重新设置反向指示功率阈值（对应的电流大小约为 40mA）后，分别加正向电流、反向电流，在电流大小约为 40mA 以下时功率均为正向；加反向电流大小约为 40mA 以上时功率方向为反向。

问题电能表所用计量芯片为上海贝岭公司的 BL6523A 芯片，该芯片设置有反向指示阈值寄存器 WA ＿ REVP，当输入有功功率信号为负且绝对值小于阈值时，反向指示 REVP 功能不工作，目的是为了在无负载或电流很小的情况下，即使有小的噪声信号，反向指示 REVP 不会误判。

问题电能表反向指示阈值设置较小（对应的电流大小约为 10mA），在安装现场用户无负荷或负荷很小的情况下，由于功率测量不准确，导致判断功率方向为反向。

任务三　其他错接线

» 【任务描述】　本任务主要介绍用电信息采集系统中发生其他错接线的计量异常时的分析、处理措施。

» 【异常定义】

主要针对安装因素或者人为窃电行为，造成一、二次计量装接错误或设备损坏，造成计量准确性的差错的接线称为其他错接线。

» 【异常原因】

（1）档案错误。电能表档案信息采集系统与营销系统不对应，主要是接线方式不一致。

（2）电能表故障。计量模块异常等电能表本身故障，导致电能表计算有功、无功及视在功率出错。

（3）装接差错。通常情况下有电压电流错位，电流二次接线错误等错接线方式。

（4）人为窃电。除常见的三相三线 48 类、三相四线 96 类错接线之外，还有破坏电能计量装置等窃电方式。

» 【处理流程】

其他错接线处理流程见图 6-19。

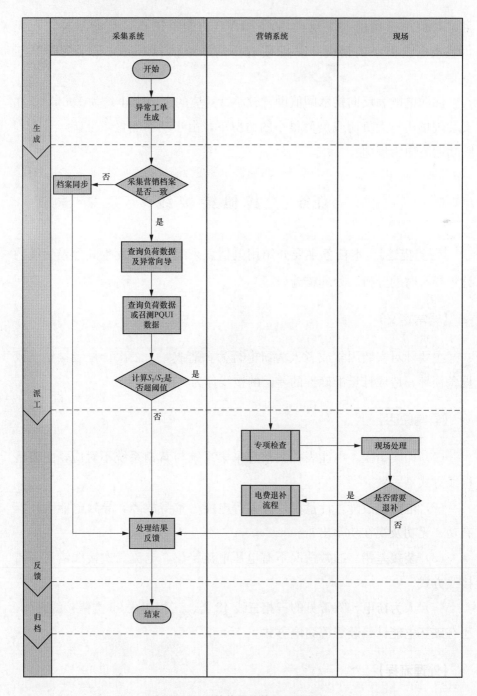

图 6-19　其他错接线处理流程

【处理步骤】

1. 一般处理步骤

（1）在用电采集系统查询用户档案信息，确认与营销系统档案是否一致。

（2）查看异常分析向导，查看三相电压、电流、有功、无功和视在功率及其比值的详细数据，同时结合其他异常现象进行辅助判断，比如潮流反向、失电压、失电流等异常告警。若电压、电流均在正常值内，比如各相电流均大于 0.3A（如 $5\%I_{max}$），各相电压在正常电压范围内，当整点数据中大多数时间点 S_1/S_2 的比值相对稳定并且普遍超出 0.8～1.2，则需召测用户实时负荷数据（建议三次及以上）进一步综合分析、验证，或通过召测分相反向电能示值来辅助判断。疑似现场错接线的发起专项检查流程。

2. 典型案例

【典型案例一】 三相三线。

某用电客户，受电变压器容量为 710kVA，计量方式为高供高计（三相三线制），于 2011 年 3 月 30 日报主站其他错接线异常。

主站分析人员在"异常分析向导"中发现该用户异常现象描述为 "F011＝计算值 0.187、视在功率 0.088、计算值与视在功率的比值 2.125"。用户 A、C 相一次侧电流较为稳定，并远远大于 0.3A，但 S_1/S_2 比值始终稳定在 1.8～2.2，见图 6-20。

日期	局号(终端/表计)	瞬时有功(I	瞬时无功	S_2	A相电流(A)	←B相	←C相	A相电压(V)	←B相	←C相	总功率因数	S_1	S_1/S_2
2011-4-3 1:00	***********(表计)	273.4	37.9	276.01	29.8	0	29.8	10000	0	10000	0.98	516.14	1.87
2011-4-3 6:00	***********(表计)	263.6	18.7	264.26	28.4	0	28.4	10100	0	10100	0.98	496.81	1.88
2011-4-3 5:00	***********(表计)	284.1	31.0	285.79	30.4	0	30.4	10200	0	10100	0.98	534.43	1.87
2011-4-3 4:00	***********(表计)	280.6	27.2	281.91	30	0	30	10200	0	10200	0.98	529.99	1.88
2011-4-3 3:00	***********(表计)	274	31.9	275.85	29.5	0	29.5	10200	0	10100	0.98	518.60	1.88
2011-4-3 2:00	***********(表计)	274.3	69.6	282.99	29.9	0	29.9	10000	0	10000	0.98	517.87	1.83
2011-4-3 1:00	***********(表计)	260.7	73.3	270.81	28.6	0	28.6	10000	0	9900	0.97	492.88	1.82
2011-4-3 0:00	***********(表计)	257.2	54.8	262.98	27.9	0	28	10100	0	10000	0.97	486.51	1.85
2011-4-2 23:00	***********(表计)	269	61.0	275.83	29.4	0	29.5	10000	0	9900	0.98	507.52	1.84
2011-4-2 22:00	***********(表计)	271.2	65.7	279.05	30.2	0	30.3	9800	0	9800	0.98	513.45	1.84
2011-4-2 21:00	***********(表计)	274.9	68.9	283.40	30.4	0	30.4	9900	0	9900	0.98	518.63	1.83
2011-4-2 20:00	***********(表计)	280.5	77.4	290.97	30.7	0	30.7	9900	0	9800	0.98	523.75	1.80

图 6-20 异常分析向导

主站人员多次实时召测了有功功率、电压、电流及功率因数，见表 6-2。

表 6-2　　　　　　　召测有功功率、电压、电流、功率因数

召测时间	瞬时有功 (kW)	A 相电流 (A)	B 相电流 (A)	C 相电流 (A)	A 相电压 (V)	B 相电压 (V)	C 相电压 (V)	总功率因数
3 月 10 日　10：15	298.3	32.5	0	32.5	10000	0	10000	1.00
3 月 10 日　10：45	274.4	29.8	0	29.7	10100	0	10100	0.98
3 月 10 日　11：00	316.3	34.7	0	34.7	10000	0	10000	0.99

通过有效负荷数据及召测数据进行 P、Q、U、I 计算分析。

主站人员对三相三线制用户进行分析，二次电流已经达到 3.25A，说明该厂已处于正常生产且负荷稳定，但计算理论值与视在功率比值超过阈值，因此主站人员基本确定是由于错接线导致有功功率计算错误，因此立刻在用电信息采集系统中发起"派工"流程要求用电检查人员到现场进行处理。

用电检查人员与计量人员协同检查，进行现场电能表校验及带电检查，确认端子排至联合接线盒及电能表接线均正常，现场校验误差也在合格范围内，但向量图和功率异常，与客户沟通安排好停电事宜后，隔日进行停电检查，该用户两相电流互感器为三线连接，A、C 相电流出现共用，确认其中端子盒上连接 N 线的上桩头和下桩头不通，导致三相三线电能计量装置 N 线断开，属设备故障引起计量差错，待系统异常恢复后，进行归档，并选择影响计量正确性。

【典型案例二】　三相四线。

某用电客户，受电变压器容量为 160kVA，计量方式为高供低计（三相四线制），于 2014 年 7 月 9 日报主站其他错接线异常。

主站分析人员在"异常分析向导"中发现该用户异常现象描述为"计算值 0.33kW，视在功率 0.121kW，比值 2.73，发生次数 5"。

主站人员立刻多次召测了当前总有功功率、A 相有功功率、B 相有功

功率、C 相有功功率一次侧数据，见表 6-3。

表 6-3　　　　　　　　　　　召 测 有 功 功 率

召测时间	总有功功率 (kW)	A 相有功功率 (kW)	B 相有功功率 (kW)	C 相有功功率 (kW)
7 月 9 日　12：08	7.6	6.7	5.7	−4.8
7 月 9 日　12：38	6.0	5.8	5.2	−5.0
7 月 9 日　13：00	6.3	5.7	5.5	−4.9

通过召测电能表分相（或分元件）的瞬时有功数据块进一步验证。一般来说，电能表的瞬时有功一般等于分相的瞬时有功之和（三相四线计算方法 $P=P_a+P_b+P_c$；三相三线计算方法 $P=P_1+P_2$）判断是否存在错接线，但是也有特殊例外的情况，比如对于高供低计（或低供低计）计量方式，当存在线性负荷（即 380A）时，有可能某相功率会出现负值；对于高供高计用户，当功率因数小于 0.5 时，有一个分相元件的功率会出现负值。所以，利用召测分相电能表反向有功总示值的方法判断错接线仅作为辅助分析的一种手段。

主站人员对三相四线制用户进行分析，二次电流达到 0.5A 以上，总功率因数达到 0.85，说明该厂已处于正常生产，而上述分相瞬时用功功率数据，总有功功率为理论值的 1/3 或 $P=P_a+P_b-P_c$，因此主站人员基本确定是由于错接线导致有功功率计算错误（C 相电流互感器极性接反），主站立刻在用电信息采集系统中发起"派工"流程要求用电检查人员到现场进行处理。

用电检查人员与计量人员协同检查，当天 10：30 到达现场，要求用户停电并进行计量接线检查，经过计量人员检查发现为接线盒中接线端子错误导致电能表 C 相电流极性接反，待系统异常恢复后，进行归档，并选择影响计量正确性。

【典型案例三】　负荷性质特殊引起异常。

某三相四线用户的负荷数据中 A、B 两相的电流较大，C 相电流长期为 0，且 A、B 两相电流大小基本一致，方向相反（见图 6-21）。

| 档案查询 | 抄表数据查询 | 电量数据查询 | 负荷数据查询 | 负荷特性查询 | 电压合格率数据 | 计量异常 | 终端事件 | 工单查询 |

| 户号 | | | 户名 | | | 数据来源 | 表计 ▾ | | ☐ |
| 开始日期 | 2017-12-07 | | 结束日期 | 2017-12-12 | | 查询方式 | ◉一次侧 ○二次侧 | | ☐ 更多 |

查询结果

日期 ▾	局号(终端底计)	瞬时有功(kW)	←无功(kvar)	A相电流(A)	←B相	←C相	A相电压(V)	←B相	←C相	总功率因数	正向有功总(
2017-12-12 09:45:00	3340301017800095732589(表计)	0.684	-7.86	-19.5	20.34	0	232.5	233.1	232.5	1	5726.24
2017-12-12 09:30:00	3340301017800095732589(表计)	0.282	-7.866	-20.16	20.34	0	233	232.9	232.8	1	5726.24
2017-12-12 09:15:00	3340301017800095732589(表计)	0.288	-7.794	-19.68	19.92	0	231.8	232.4	232.1	1	5726.24
2017-12-12 09:00:00	3340301017800095732589(表计)	0.186	-7.764	-19.74	19.86	0	232	232.3	232.2	1	5726.24
2017-12-12 08:30:00	3340301017800095732589(表计)	0.18	-7.8	-19.62	19.74	0	232.5	233	232.7	1	5726.23
2017-12-12 08:30:00	3340301017800095732589(表计)	0.192	-7.848	-19.98	20.1	0	233.3	233.3	233.3	1	5726.23
2017-12-12 08:15:00	3340301017800095732589(表计)	0.186	-7.728	-19.44	19.56	0	231.4	231.2	231.2	1	5726.23
2017-12-12 08:00:00	3340301017800095732589(表计)	0.186	-7.806	-19.68	19.8	0	232.4	232.9	232.8	1	5726.23
2017-12-12 07:45:00	3340301017800095732589(表计)	0.186	-7.746	-19.68	19.8	0	232.3	232.1	232.2	1	5726.22
2017-12-12 07:30:00	3340301017800095732589(表计)	0.18	-7.812	-19.62	19.68	0	232.3	232.3	232.3	1	5726.22
2017-12-12 07:15:00	3340301017800095732589(表计)	0.192	-7.884	20.04	20.16	0	233.7	233.8	234.1	1	5726.22
2017-12-12 07:00:00	3340301017800095732589(表计)	0.192	-7.992	-20.4	20.46	0	234.6	234.6	234.9	1	5726.22
2017-12-12 06:45:00	3340301017800095732589(表计)	0.198	-7.902	-20.28	20.4	0	234.2	233.9	234.6	1	5726.22
2017-12-12 06:30:00	3340301017800095732589(表计)	0.216	-8.094	-20.46	20.58	0	237.2	237	237.1	1	5726.21
2017-12-12 06:15:00	3340301017800095732589(表计)	0.21	-8.094	-20.1	20.1	0	237	237	237	1	5726.21
2017-12-12 06:00:00	3340301017800095732589(表计)	0.204	-8.04	-19.92	20.04	0	236.2	236.4	236.2	1	5726.21
2017-12-12 05:45:00	3340301017800095732589(表计)	0.204	-8.046	-20.1	20.22	0	236.7	236.9	237	1	5726.21

图 6-21　负荷数据查询

召测用户的 A、B 相的电流及相角（见图 6-22），通过画六角图（见图 6-23）进行分析，发现该 A、B 相的电流在一直线上，疑似负荷性质特殊引起。现场检查发现用户的用电设备为电焊机。

招测结果列表

表计局号	测量点号	数据项名称	值	TA	TV
3340301017800095732…	1	当前A相电流	-0.343	100	1
3340301017800095732…	1	当前B相电流	0.34	100	1
3340301017800095732…	1	当前C相电流	0.000	100	1
3340301017800095732…	1	A相相角	244.50	100	1
3340301017800095732…	1	B相相角	301.90	100	1
3340301017800095732…	1	C相相角	0.0	100	1

图 6-23　召测 A、B 相电流、相角

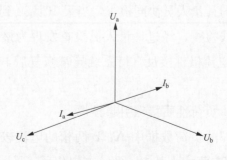

图 6-23　六角图

【典型案例四】 谐波干扰。

通过图 6-24 可以看出，用户三相电流均未出现负值，但 S_1/S_2 的比值一直为 2.6 左右。

| 户号 | | ▉▉▉▉ * | 户名 | ▉▉▉▉ | 数据来源 | 表计 ▼ | | □ 33 |
| 开始日期 | 2017-12-07 | | 结束日期 | 2017-12-12 | 查询方式 | ⦿ 一次侧 ○ 二次侧 | | □ 更 |

查询结果								
日期 ▼	局号(终端康计)	瞬时有功(kW)	←无功(kvar)	A相电流(A)	←B相	←C相	A相电压(V)	←B相	←C相
2017-12-12 13:00:00	333000100010000687 15796(表计)	0.6398	-0.4266	2.952	2.957	2.804	239.6	239.9	240.2
2017-12-12 12:45:00	333000100010000687 15796(表计)	0.6369	-0.4431	2.939	2.96	2.765	239.6	240.3	240.1
2017-12-12 12:30:00	333000100010000687 15796(表计)	0.6601	-0.3991	2.859	2.843	2.734	238.8	238.8	239.1
2017-12-12 12:15:00	333000100010000687 15796(表计)	0.6642	-0.4178	2.891	2.89	2.734	238.9	239.5	239.4
2017-12-12 12:00:00	333000100010000687 15796(表计)	0.6218	-0.4087	2.923	2.912	2.779	240.2	240.9	240.4
2017-12-12 11:45:00	333000100010000687 15796(表计)	0.6411	-0.45	2.831	2.822	2.722	241	241.6	241.6
2017-12-12 11:30:00	333000100010000687 15796(表计)	0.6453	-0.4348	2.9	2.886	2.775	241.3	242.3	242.1
2017-12-12 11:15:00	333000100010000687 15796(表计)	0.6394	-0.4313	2.928	2.909	2.779	241.5	242.3	242.1
2017-12-12 11:00:00	333000100010000687 15796(表计)	0.6493	-0.4459	3.028	3.023	2.866	241.6	242.5	242.2
2017-12-12 10:45:00	333000100010000687 15796(表计)	0.63	-0.4446	3.036	3.031	2.856	240.3	240.9	240.8
2017-12-12 10:30:00	333000100010000687 15796(表计)	0.6613	-0.4331	3.07	3.11	2.859	239.4	240.5	240
2017-12-12 10:15:00	333000100010000687 15796(表计)	0.6455	-0.4946	3.019	3.028	2.842	239.6	240.1	239.8
2017-12-12 10:00:00	333000100010000687 15796(表计)	0.628	-0.3863	3.006	3.011	2.821	239.6	240.6	240.4
2017-12-12 09:45:00	333000100010000687 15796(表计)	0.6812	-0.436	3.05	3.05	2.853	240	240.6	240.5
2017-12-12 09:30:00	333000100010000687 15796(表计)	0.6273	-0.4659	3.012	3.01	2.828	239.9	240.5	240.3
2017-12-12 09:15:00	333000100010000687 15796(表计)	0.6278	-0.4566	2.989	2.994	2.8	239.6	240.5	240.2

图 6-24 三相电流

召测电能表的分相有功示值，均不存在反向示值，召测电能表的电流和相角，未发现用户接线错误，见图 6-25。

表计局号	测量点号	数据项名称	值
333000100010000687 15796	1	当前A相正向有功电能	1566.11
333000100010000687 15796	1	当前A相反向有功电能	0.00
333000100010000687 15796	1	当前B相正向有功电能	1495.53
333000100010000687 15796	1	当前B相反向有功电能	0.02
333000100010000687 15796	1	当前C相正向有功电能	1364.23
333000100010000687 15796	1	当前C相反向有功电能	0.00

表计局号	测量点号	数据项名称	值
333000100010000687 15796	1	当前A相电流	3.044
333000100010000687 15796	1	当前B相电流	3.056
333000100010000687 15796	1	当前C相电流	2.797
333000100010000687 15796	1	A相相角	328.8
333000100010000687 15796	1	B相相角	330.3
333000100010000687 15796	1	C相相角	329.8

图 6-25 召测电流表的分相有功示值、电流、相角

进一步召测用户各相的有功功率、电压、电流，发现分相的电压、电流乘积与视在功率不一致，比值约为 2.6，与 S_1/S_2 的计算值一致，疑似谐波干扰引起。现场检查发现存在谐波设备，见图 6-26。

表计局号	测量点号	数据项名称	值
333000100010000068715796	1	当前A相有功功率	0.2194
333000100010000068715796	1	当前A相无功功率	-0.1519
333000100010000068715796	1	当前A相电压	240.4
333000100010000068715796	1	当前A相电流	2.949

表计局号	测量点号	数据项名称	值
333000100010000068715796	1	当前B相有功功率	0.2116
333000100010000068715796	1	当前B相无功功率	-0.1380
333000100010000068715796	1	当前B相电压	240.4
333000100010000068715796	1	当前B相电流	2.990

表计局号	测量点号	数据项名称	值
333000100010000068715796	1	当前C相有功功率	0.2163
333000100010000068715796	1	当前C相无功功率	-0.1293
333000100010000068715796	1	当前C相电压	240.7
333000100010000068715796	1	当前C相电流	2.787

图 6-26　召测各相有功功率、电压、电流

附录 名词解释

（1）数据错误。当采集数据与现场实际数据不一致时，由于采集设备本身参数、系统问题或其他原因造成数据采集失败、串户或其他数据异常生成的计量异常，可归类为数据错误。

（2）误报。当采集数据与现场实际数据一致时，由于计量异常诊断算法的局限性、阈值不合理或其他原因生成的计量异常，可归类为误报。

（3）需量。是指一个规定的时间间隔的功率的平均值，最大需量是在规定的周期或者结算周期内记录的需量的最大值。

（4）采集设备故障。采集设备硬件、软件问题导致数据获取、传输、上报错误。